AF555325

BIBLIOTHÈQUE

DES ÉCOLES ET DES FAMILLES

LA PLANÈTE

QUE NOUS HABITONS

NOTIONS FAMILIÈRES D'ASTRONOMIE PHYSIQUE

PAR

STANISLAS MEUNIER

PARIS

LIBRAIRIE HACHETTE ET Cie

79, BOULEVARD SAINT-GERMAIN, 79

1881

LA PLANÈTE

QUE NOUS HABITONS

UN GÉOLOGUE SUR LE TERRAIN.

LA PLANÈTE

QUE NOUS HABITONS

INTRODUCTION

Supposez qu'un voyageur, organisé d'une manière convenable et venant d'où vous voudrez, pénètre dans l'univers; il verra d'abord, de tous côtés, des amas de matière opalescente et comme laiteuse. Ce sont les *nébuleuses*. Il pourra en compter des milliers et des centaines de milliers, et il en verra toujours. Les astronomes essayent d'en faire des catalogues, mais tous les jours ils en trouvent de nouvelles.

En s'approchant, notre voyageur s'apercevra que beaucoup de ces nébuleuses sont formées d'innombrables étoiles tournant les unes autour des autres dans des orbites immenses. Certaines de ces étoiles sont, en effet, à de telles distances les unes des autres, que leur lumière, malgré sa vitesse de 77 000 lieues par seconde, met des milliers d'années à franchir la distance qui les sépare.

Pour étudier la composition intime de ces nébuleuses, admettez que notre promeneur choisisse justement, sans doute par hasard, car aucune bonne raison ne peut l'y pousser, admettez qu'il choisisse une des plus petites, celle que nous appelons la *Voie lactée :* peut-être remarquera-t-il l'une des plus petites étoiles qui la constituent. Or savez-vous quel est cet astre minuscule? Le Soleil. — Le Soleil, s'il vous plaît, qui produit cependant, grâce à sa proximité relative (33 millions de lieues seulement!), tant d'effet dans notre ciel et qui rend si pénible au mois d'août, à midi, la traversée de la place de la Concorde.

Et si notre observateur est doué d'une vue suffisamment perçante, il verra tourner, autour de ce grain de poussière étincelant, de petites particules sombres et ternes. L'un des moins remarquables de ces atomes est la Terre, sur laquelle l'homme fait tout ce que vous savez, mélangeant le bien au mal, et poursuivant, avec une ardeur fébrile, souvent sans l'atteindre, un but grand ou petit.

A cette vue, le voyageur en question, si c'est un homme, chose invraisemblable, est bien forcé de revenir de l'idée des anciens, si flatteuse à première vue, que tout a été créé pour le seul usage de la Terre et de ses habitants; mais nous n'y perdrons rien, car il vaut mieux cent fois être un pygmée capable, même au prix de souffrances infinies, de se rendre compte de ce qui l'entoure, qu'un enfant gâté jouissant, par privilège gratuit de naissance, de domaines... imaginaires.

Or, nous savons de source certaine que la Terre est un globe à peu près sphérique de 3000 lieues de diamètre, et qu'elle pèse 5881 quatrillions de tonneaux de 1000 kilogrammes, les physiciens ayant imaginé une véritable balance qui donne le poids de notre globe comme celle de l'épicier donne le poids d'un fromage de Hollande.

La Terre décrit, en un an, autour du Soleil, une ellipse dont celui-ci occupe un des foyers ; et l'on sait comment, par suite de l'inclinaison de l'axe du globe sur le plan de cette ellipse, les diverses saisons se succèdent avec leurs divers caractères.

En outre, notre pérégrinateur cosmique pourrait nous dire que, vue du dehors, notre Terre présente une épaisse couche gazeuse, transparente, troublée çà et là par des bandes mobiles et de couleur grise. Cette couche, c'est l'atmosphère, et les flocons sont les nuages.

Au-dessous de l'atmosphère, se trouve une autre couche qui ne s'étend que sur les trois quarts environ de la surface du globe et qui est liquide : on la connaît sous les noms de mer et d'océan.

Enfin, plus profondément encore, et formant le fond de la mer, est une masse solide qui constitue la terre proprement dite et qui émerge de l'eau sur un quart à peu près de la surface du globe. Cette portion émergée prend les noms de continents, d'îles, etc.

La masse solide se prête à divers genres d'étude. On peut s'occuper de ses particularités de forme et de relief, et l'on fait alors de la *géographie physique;* on peut rechercher comment les hommes s'en sont partagé la surface, c'est-à-dire quelles sont les limites respectives des divers États, et c'est la *géographie politique;* enfin on peut chercher à savoir de quelle matière la terre est bâtie et comment elle s'est formée, c'est alors de la *géologie* que l'on fait.

On va voir combien ce dernier point de vue, qui est celui que nous allons choisir, est riche en horizons variés et comment il nous mettra successivement aux prises avec l'infiniment petit et l'infiniment grand.

PREMIÈRE PARTIE

LA TERRE ET SA FAMILLE PLANÉTAIRE

CHAPITRE PREMIER

NOTRE PLANÈTE

Considérée dans son ensemble, et conformément à ce qui vient d'être dit, la Terre se compose de la réunion de trois parties nettement distinguées entre elles par leur état physique.

La plus extérieure, gazeuse et transparente, est l'atmosphère. Elle est composée par l'air, d'où les chimistes retirent les deux corps simples appelés oxygène et azote et qui y sont, non pas combinés entre eux, mais simplement mélangés. On y trouve aussi de la vapeur d'eau, de l'acide carbonique et quelques autres substances très peu abondantes. Sous une faible épaisseur, l'air est absolument invisible; refroidi, il se trouble, la vapeur d'eau qu'il tient en dissolution se précipitant sous forme de brouillard. Quand son épaisseur est très considérable, il apparaît avec une nuance bleue que l'on attribue d'ordinaire, au préjudice de la vérité, aux profondeurs du ciel. En effet, si l'on s'élève en ballon ou sur le sommet des montagnes, on reconnaît que la nuance bleue du ciel, au lieu d'augmenter, diminue et fait place au noir de plus en plus parfait. Le ciel, cette source de la lumière, est plongé dans une obscurité absolue; pour que la lumière devienne sensible à nos yeux, il faut de toute nécessité qu'elle se brise sur quelque corps solide. — La solitude de l'espace est le domaine de la nuit.

On ne connaît pas d'une manière aussi précise la hauteur de

l'atmosphère terrestre. Certains météores, tels que les aurores boréales qui se développent dans les couches les plus supérieures, montrent par leur altitude que l'atmosphère est très épaisse. On sait aussi, grâce au baromètre, en mesurer la pression, variable à chaque instant. On sait enfin que l'air, loin d'être immobile, est soumis à une circulation continue que ne peuvent masquer complètement les vents irréguliers.

La deuxième partie du globe terrestre que nous avons mentionnée se rapproche de la précédente par son extrême mobilité; elle s'en distingue d'ailleurs par son état liquide et constitue l'ensemble des océans, des mers et des grands lacs.

Nous avons dit déjà que la mer recouvre les trois quarts de la surface de la terre. Elle est formée d'eau tenant en dissolution un très grand nombre de substances, au premier rang desquelles il faut citer le sel ordinaire, le sel de cuisine, qui mérite bien le nom de *sel marin* qu'il porte souvent. Il est si abondant dans l'eau de mer, qu'il suffit de mettre une goutte de celle-ci sur la langue pour en reconnaître la saveur salée; si une flaque d'eau de mer se dessèche, elle dépose une sorte de gelée blanche qui est composée de sel.

La profondeur de la mer est très variable; elle est si grande en certains points qu'on n'est pas parvenu à la mesurer. Le fond a parfois été rencontré à 9000 mètres.

Un caractère remarquable de la mer est d'être tellement remplie d'êtres vivants, animaux et végétaux, qu'on peut presque la regarder comme vivante elle-même. Outre les poissons, les coquilles et les autres gros animaux faciles à élever, outre les fucus et les algues, l'eau contient une innombrable quantité d'organismes visibles seulement au microscope. C'est à des êtres de ce genre que doit son origine la

UNE AURORE BORÉALE.

phosphorescence de la mer, phénomène à la fois si gracieux et si imposant.

On trouve des animaux et des plantes jusque dans les abîmes les plus profonds des océans, jusque sous la croûte éternelle des glaces du nord, c'est-à-dire dans une obscurité à peu près com-

LA PHOSPHORESCENCE DE LA MER.

plète et dans un froid intense. Chose curieuse! les habitants de ces retraites glacées et sombres sont parés de couleurs si vives, qu'elles ne le cèdent pas à celles des fleurs et des oiseaux des tropiques.

La mer est en mouvement continuel et, lors des tempêtes, son

LA CHUTE DU STAUBACH.

agitation est quelquefois extrême. En outre, ses eaux suivent un régime de courants réguliers dont nous aurons à dire un mot un peu plus loin. Sous l'action combinée du Soleil et de la Lune, les flots obéissent en outre à un balancement régulier qui se manifeste par le phénomène des marées.

Soumise, par l'effet du Soleil, à une évaporation continue, la mer diminuerait constamment de volume si ses pertes ne se trouvaient à chaque instant compensées par l'arrivée de grandes quantités d'eau douce. Celle-ci arrive dans le bassin des océans soit sous forme de pluie tombant directement des nuages, soit sous forme de courants (torrents, ruisseaux, rivières, fleuves) qui ruissellent de toutes parts à la surface des continents. Une bonne partie de ces eaux proviennent de la fusion des glaciers, et telle est en particulier l'origine des célèbres cascades des Alpes, visitées par tous les touristes, et dont le Staubach, dont vous avez ici la représentation, est un exemple entre beaucoup.

Sous la forme de glace, l'eau alimente de véritables fleuves appelés *glaciers* et qui, pour être solides, n'en sont pas moins en mouvement lent. Ils chassent, comme les fleuves liquides, des matériaux solides, limon, sables, galets, et même des quartiers de roche parfois extrêmement volumineux.

Les glaciers offrent à l'observation une foule de sujets d'étude du plus haut intérêt. Nous nous bornerons ici à mentionner les preuves certaines maintenant acquises que la glace la plus limpide des glaciers résulte des transformations successives de la neige tombée dans les régions les plus hautes des montagnes. Aux plus grandes altitudes en effet on ne rencontre jamais des glaciers proprement dits, mais des champs de neige.

Outre l'atmosphère et l'océan, la Terre présente, comme vous savez, une portion solide. Celle-ci émerge de la surface aqueuse et constitue alors les continents et les îles; mais elle se pour-

UN CHAMP DE NEIGE (LE COL DE SASSER).

suit sous les eaux et forme le fond des mers et des lacs.

La masse solide de notre planète est composée de matériaux très variés appelés *roches* et qui fournissent une foule de substances utilisées de manières très diverses. C'est en effet parmi les roches que nous recueillons les minerais d'où sortent les métaux, le charbon de terre, source de chaleur et de force, les pierres de construction, les marbres, les porphyres et les autres pierres de décoration, la pierre à plâtre, la terre à brique, le sable et le caillou dont on fait le mortier. C'est aussi parmi les roches que compte la terre végétale où poussent les plantes et par conséquent où presque tous les êtres vivants puisent les éléments de leur existence.

Il suffit de quelques promenades dans des localités bien choisies pour reconnaître que les diverses roches ne se présentent pas de la même manière.

Le long des falaises de la Manche, par exemple à Étretat, auprès du Havre, on voit sous la terre végétale une succession de 100 mètres d'épaisses assises de pierre tendre et blanche renfermant des noyaux très durs de pierre à fusil. La même disposition en couches superposées se rencontre dans les carrières de pierre à bâtir des environs de Paris et d'une foule d'autres localités, et, dans tous les cas de ce genre, on dit que le sol est formé de *terrains stratifiés.*

Ces terrains, très simples dans leur constitution générale, sont composés surtout de quartz sous ses états divers de sable, de grès, et de meulière; — de calcaire, marbre, craie, ou pierre à chaux, — et d'argile, dont le type est l'argile plastique ou terre à briques exploitée activement pour la fabrication des poteries grossières.

Parmi les caractères les plus généraux des terrains stratifiés, il faut citer, outre leur disposition en couches superposées dont nous venons de parler, la présence dans leur masse de cailloux roulés et de débris ayant appartenu à des êtres vivants, animaux ou végétaux. C'est ainsi que la chaîne des Vosges est faite en

UN GLACIER.

partie de couches où les galets sont accumulés comme sur le rivage de la mer. La pierre à bâtir de Paris est toute pétrie de coquilles devenues *fossiles*, suivant l'expression consacrée. Et le charbon de terre ou la houille n'est pas autre chose que le produit de la décomposition et de la fermentation souterraines de forêts enfouies tout entières depuis des milliers de siècles.

FALAISE DE CRAIE AU BORD DE LA MER.

Ces différents caractères concordent pour faire admettre que les terrains stratifiés se sont déposés successivement au fond de l'eau, et la nature de leurs fossiles apprend à reconnaître ceux qui ont eu la mer pour origine de ceux qui ont pris naissance au fond des lacs et autres amas d'eau douce.

On voit tout de suite, d'après cette notion, admise d'ailleurs par tout le monde comme évidente, que les différents terrains

ICHTHYOSAURE ET PLESIOSAURE (REPTILES FOSSILES RESTAURÉS)

stratifiés n'ont pas le même âge. Les plus anciens ont servi de support aux plus récents, et leur ensemble, considéré sur toute la Terre, peut se comparer à la réunion des couches d'accroissement annuel d'un sapin gigantesque.

En remontant de proche en proche dans la série stratifiée qui montre une succession de fossiles dont la variété et la richesse excitent au plus haut point l'admiration de l'observateur, on arrive à des masses qui constituaient le fond de la mer lors des premiers de ces dépôts. Ces masses, mises à nu dans diverses localités à la suite d'actions diverses, peuvent être représentées par une roche qui est bien connue de vous tous : le granit. On n'y voit plus cette structure en assises superposées qui vient d'être signalée et c'est en vain qu'on y chercherait des galets, à plus forte raison des fossiles. A leur place se montrent, comme éléments constituants, des cristaux divers remarquables par leur état d'association confuse.

Évidemment les roches de ce genre ont eu un mode de formation bien différent de celui des terrains stratifiés. Pendant bien longtemps on les a regardées comme les roches primitives, supposant qu'elles datent du moment où il y a eu pour la première fois des roches solides sur la Terre. Beaucoup de personnes conservent même encore cette opinion. Mais nous verrons, lorsque les progrès de ce livre nous auront amené à un sujet si élevé, qu'il n'en est rien et que les roches vraiment primitives sont essentiellement différentes du granit.

Pour le moment, contentons-nous d'observer la manière d'être des matériaux dont notre planète est constituée. Et remarquons qu'il arrive souvent qu'au voisinage du granit les terrains stratifiés ont pris des caractères très spéciaux. C'est là par exemple que le calcaire, au lieu de se présenter sous les formes de pierre à chaux et de craie, affecte la forme si recherchée de marbre. C'est là aussi que l'argile, devenue impropre à servir aux industries céramiques, est dure, feuilletée, et sert, sous le nom d'ardoise, à la couverture des édifices. Les fossiles n'en ont pas

FORÊT HOUILLÈRE RESTAURÉE.

pour cela disparu, ni les galets, mais il n'est pas rare de trouver avec eux du cristal. On a donc là comme des terrains ambigus participant à la fois de la nature des terrains stratifiés et de celle des terrains granitiques. On pense avec beaucoup de vraisemblance que ce sont des terrains stratifiés originairement conformes au type décrit plus haut et c'est ce qu'on a voulu exprimer en leur attribuant le nom de terrains métamorphiques. Vous verrez qu'ils nous offriront un intérêt tout spécial.

Mais nous n'avons pas encore épuisé l'énumération des terrains dont notre globe est constitué. En effet il existe un grand nombre de roches qui se présentent sous la forme d'immenses

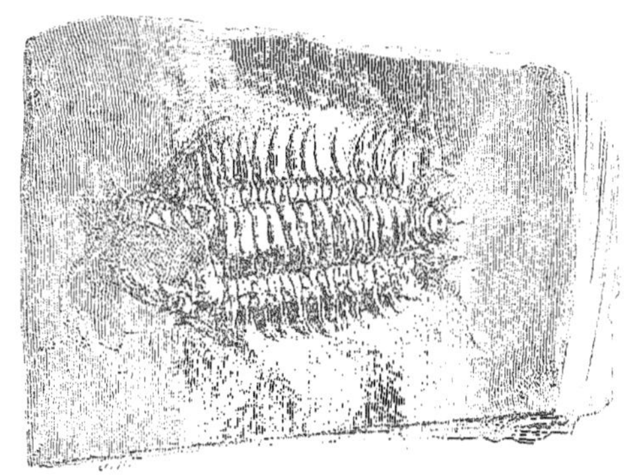

TRILOBITE, CRUSTACÉ FOSSILE SUR UNE ARDOISE.

murs souterrains appelés filons ou dykes et qui traversent indistinctement les masses granitiques et les masses stratifiées. Elles se perdent dans la profondeur et l'on a de très fortes raisons de croire qu'elles sont en relation de situation et d'origine avec des réservoirs souterrains remplis des mêmes substances. Comme ces roches ont tous les caractères des laves et des autres masses vomies par les volcans lors de leur éruption, on les réunit sous le nom de roches éruptives. C'est parmi elles qu'on rencontre les porphyres et les serpentines que vous connaissez tous à cause des objets d'ornement qu'on en fabrique.

Souvent, quand les roches éruptives traversent les terrains stratifiés, on reconnaît que ceux-ci, au voisinage, eussent-ils plus

UNE CARRIÈRE D'ARDOISES AUX ENVIRONS D'ANGERS.

loin les caractères normaux, se sont souvent métamorphosés sur une plus ou moins grande épaisseur. Ainsi, dans le nord de l'Irlande, la craie blanche passe progressivement à l'état de véritable marbre blanc, à mesure qu'on l'examine de plus en plus près de gros filons de basalte, roche éruptive noire, qui le traverse. Vous verrez comment ce fait sera plus loin intéressant à rappeler.

Il faut d'ailleurs faire attention de ne pas confondre les roches éruptives avec d'autres roches qui se présentent sous une forme généralement analogue, c'est-à-dire en filons traversant tous les terrains. Ces filons, au lieu d'être composés d'une nature unique comme ceux des roches éruptives, ont en général une nature complexe qui impose l'idée d'une origine toute différente. On a reconnu qu'ils résultent de l'incrustation de grandes fentes du sol par des matériaux déposés par des sources chaudes. C'est dans les filons de ce genre qu'on va chercher, à l'aide de puits et de galeries de mines, la plupart des substances métalliques dont l'industrie tire un si grand parti. Le plus grand nombre des substances métalliques ou concrétionnées est d'ailleurs variable de l'un à l'autre ; il en est où aucun ordre n'apparaît nettement, tandis que chez d'autres on voit une disposition rubanée souvent fort élégante et symétrique par rapport au plan médian du filon. Cette manière d'être tient à ce qu'un filon, loin d'être homogène; contient diverses substances dont les unes, propres à l'extraction des métaux, s'appellent *minerais*, tandis que les autres, tout à fait stériles, ont conservé le nom allemand de *gangues*.

Une forme de filon que nous devons signaler, parce que plus tard elle se représentera devant nous, est celle que les mineurs du Harz qualifient de *cocardes*. Elle est propre aux filons qui renferment dans leur substance des fragments de la roche encaissante, incrustée de couches successives de minerais varié et de gangues. Ces sortes de filons rentrent dans la catégorie des brèches et supposent, outre les phénomènes chimiques auxquels les filons doivent leur origine, des actions mécaniques extrêmement énergiques qui ont concassé les roches.

DYKES DE BASALTE.

La date de consolidation des roches éruptives, comme la date de concrétion des filons métallifères, est évidemment postérieure à la date de constitution des roches traversées par ces divers matériaux. Leur existence témoigne en même temps de l'existence d'un laboratoire récemment actif, dont le siége est dans les profondeurs infra-granitiques.

FILONS MÉTALLIFÈRES.

Or nous sommes sûrs que ce laboratoire continue de nos jours à fonctionner.

Les volcans en sont une preuve, auprès de laquelle les autres sont presque superflues. Ils donnent lieu à un double phénomène qui explique en effet le gisement des roches qui viennent de nous occuper.

D'abord, comme nous l'avons déjà dit, l'éruption des laves qui imitent exactement par leurs diverses formes les épanchements de porphyre, ensuite le crevassement du sol qui ouvre des fentes sans fond, toutes semblables à celles que les filons métallifères ont incrustées.

ÉRUPTION D'UN VOLCAN. LE VÉSUVE.

En traversant les assises calcaires ou argileuses, les laves volcaniques y développent parfois des modifications métamorphiques comparables à celles qui se montrent au voisinage des roches éruptives, et c'est par exemple ce qu'on peut observer très bien au Vésuve pour le calcaire, et dans la Haute-Loire pour l'argile.

Les crevassements du sol, et les tremblements de terre qui les accompagnent, nous fournissent du reste une autre notion de première importance. C'est que la prétendue fixité du « plancher des vaches » opposée si souvent à l'immobilité de « l'élément perfide » est loin d'être absolue. Certaines régions, telles que le Pérou, les îles Philippines et l'Asie Mineure, à Smyrne et aux environs, sont dans une trépidation presque perpétuelle et à chaque instant funeste aux malheureux habitants. Bien plus, on s'assure avec des appareils convenables qu'il n'est pas une localité à la surface du globe qui ne subisse de temps en temps des oscillations parfois très faibles, mais cependant sensibles. En outre, des observations incontestables, poursuivies maintenant depuis plus d'un siècle, ont démontré qu'il est des parties de la surface terrestre qui s'élèvent lentement au-dessus de leur niveau primitif, pendant que d'autres subissent un mouvement inverse d'affaissement. C'est ainsi que le nord de la Scandinavie s'est élevé d'une quantité très notable depuis l'époque de Linné et de Celsius pendant que le sud, la Scanie, s'est affaissé.

Tous ces faits rapprochés les uns des autres concourent à nous faire considérer la partie solide du globe terrestre comme formant une espèce d'écorce ou de croûte très peu épaisse comparée au rayon de la planète, et qui renferme des régions très chaudes pleines de matériaux fluides. C'est, à la température près, la constitution d'un ballon de taffetas plein de gaz, et, bien qu'ils aient pour cause des effets internes et non pas des pressions venues de l'extérieur, les mouvements de la croûte rappellent les ondulations de l'enveloppe aérostatique sous l'influence du vent.

Que renferme la croûte terrestre ? Évidemment les éléments d'où dérivent les roches éruptives et les filons métallifères.

UN TREMBLEMENT DE TERRE.

Mais n'y a-t-il là rien autre chose, et comment ces éléments sont-ils arrangés les uns par rapport aux autres? Je ne vous surprendrai pas en vous disant que nous n'avons pas à cet égard de notions directes.

Toutefois, vous verrez par la suite que ce sujet, en apparence si bien à l'abri de nos investigations, a cependant été abordé avec succès par la méthode scientifique et que les géologues sont bien loin d'être, sur ce chapitre, dans l'ignorance profonde où l'on pourrait les croire plongés.

Après cette description très rapide de la planète que nous habitons, il nous sera plus facile de concevoir des notions précises sur les autres membres du système solaire.

CHAPITRE II

LE SYSTÈME SOLAIRE

On a vu dans l'introduction que notre Terre n'est pas, comme on pourrait le croire à première vue et comme on l'a cru bien longtemps, un objet sans analogue dans le monde. C'est une des plus grandes découvertes des temps modernes que d'avoir reconnu qu'elle est l'un des membres d'une grande famille groupée autour du Soleil comme autour de son chef, et qui comprend des planètes, sœurs de notre globe, et des satellites, frères de la Lune. On donne à cette famille le nom de *système solaire*.

Nous disons que la découverte du système solaire est une des plus grandes des temps modernes; il faut ajouter que c'était une des plus difficiles à faire. En effet, toutes les premières apparences des choses étaient mensongères et semblaient conspirer pour maintenir les hommes dans l'ignorance.

Ne dit-on pas encore communément que le Soleil se lève le matin et qu'il se couche le soir? Et cette expression ne rend-elle pas bien exactement le déplacement que le Soleil paraît en effet subir dans la voûte du ciel?

Aussi n'est-ce que tout petit à petit que des hommes de génie, au premier rang desquels il faut citer Galilée, ont reconnu que nous sommes victimes d'une illusion. Les choses se passent ici, malgré leur plus grande échelle, comme lorsque les objets voisins de la voie ferrée semblent fuir en sens inverse du wagon qui nous emporte. Nous sommes de même entraînés par la Terre qui tourne de l'ouest vers l'est, et le Soleil, réellement immobile, nous paraît s'avancer de l'est vers l'ouest.

Depuis l'époque où l'on a commencé à avoir des idées exactes sur la situation du Soleil, la science a fait des progrès gigantesques. On sait maintenant que le Soleil a 692 000 kilomètres de diamètre; qu'il est à 148 000 000 de kilomètres de la Terre; qu'il tourne sur lui-même en 30 jours environ. De plus, grâce à un procédé de recherches digne de toute notre admiration et que l'on appelle l'*analyse spectrale*, on est arrivé à savoir beaucoup de choses de la nature intime de ce gros astre, source de chaleur, de lumière et de vie.

Il n'entre pas dans notre plan de décrire ici la méthode dont il s'agit, mais il est indispensable d'en rappeler en peu de mots le principe et les conséquences.

Vous savez que quand on regarde une flamme au travers d'un prisme de verre, elle se déforme tout à fait, s'étale et s'irise de toutes les nuances de l'arc-en-ciel. Le résultat est ce que les physiciens nomment le *spectre* de la flamme. On s'est assuré que l'étude convenablement conduite du spectre donné par une flamme indique la nature chimique des matières tenues en suspension dans cette flamme et même celle des matières que les rayons lumineux qu'elle émet ont pu traverser. Ces diverses substances déterminent en effet dans le spectre la production de raies transversales que le physicien Fraüenhofer avait observées dans le spectre du Soleil, mais dont il n'avait pas découvert la signification.

Les corps, simples ou composés, donnent des raies caractéristiques situées à des places parfaitement fixes du spectre, de façon que la détermination de ces raies est aussi sûre que la meilleure analyse chimique pour décider de la présence des corps qui les produisent.

En outre, ce merveilleux procédé permet de reconnaître si le corps dont on a la caractéristique spectrale est porté à l'ignition, ou si sa vapeur sert de milieu à la transmission de la lumière. La lumière est-elle émise par un corps opaque, solide ou liquide, incandescent, le spectre est *continu*, c'est-à-dire qu'il ne présente pas de raies et ne peut par conséquent rien enseigner quant à la nature chimique de la source lumineuse. Au contraire, le corps lumineux est-il gazeux ou réduit en vapeur, les *raies* qu'il donne dans le spectre sont *brillantes*. Enfin, la lumière émise par une source quelconque traverse-t-elle avant d'arriver au prisme une épaisseur plus ou moins grande de vapeurs sombres, ce gaz ou ces vapeurs, en vertu de leur composition chimique, absorbent certaines radiations qui, manquant dès lors dans le spectre, sont remplacées par des *lignes sombres*.

Ce n'est pas tout. L'étude prismatique indique l'état plus ou moins grand de *pression* du gaz en expérience, par la largeur des raies ; et même l'état de *mouvement* dont ce gaz peut être animé, par la forme de ces mêmes raies.

Ainsi, composition, température, état physique, pression, mouvement de substances hors de portée pourvu qu'elles ne soient pas hors de vue, toutes ces notions sont fournies par l'examen d'un simple rayon lumineux.

1. LE SOLEIL

Cette admirable méthode, appliquée à l'étude du Soleil par un grand nombre d'observateurs de premier ordre, a conduit à reconnaître que cet astre est constitué par un *noyau central* gazeux et relativement obscur, autour duquel s'est condensée une sorte de poussière solide ou liquide. Celle-ci est lumineuse grâce à son pouvoir rayonnant, et la couche qu'elle forme est appelée *photosphère*[1].

1. De deux mots grecs qui signifient *sphère de lumière*.

La photosphère se déchire de temps en temps par places sous l'action de courants chauds venant de l'intérieur et qui la font passer à l'état gazeux non lumineux. Elle laisse voir alors, par les ouvertures ainsi produites, le noyau gazeux et obscur, et on donne le nom de *taches* aux apparences qui en résultent.

Sur la photosphère est une enveloppe gazeuse très peu

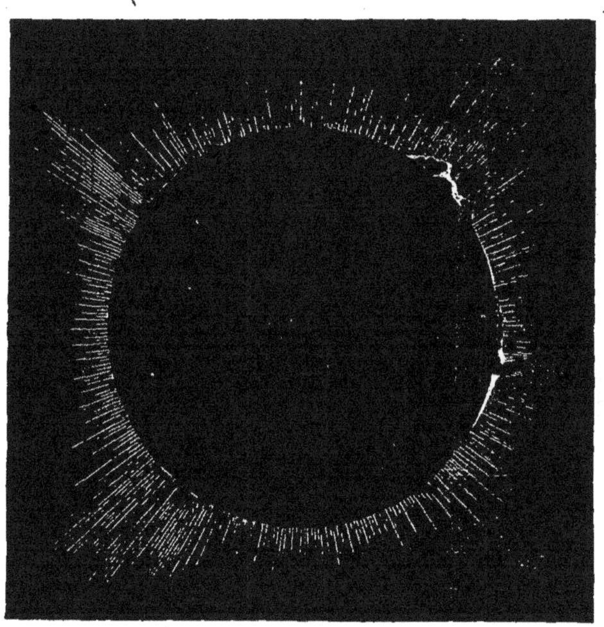

L'AURÉOLE ET LES PROTUBÉRANCES DU SOLEIL OBSERVÉES PENDANT UNE ÉCLIPSE.

dense, appelée *chromosphère*[1], à cause de sa belle couleur rose très vif, dans laquelle se produisent des phénomènes grandioses connus sous le nom de *protubérances*. Ce sont de gigantesques panaches très mobiles, très variables de forme, que pendant longtemps on n'apercevait qu'à la faveur des

1. De deux mots grecs qui signifient *sphère colorée*.

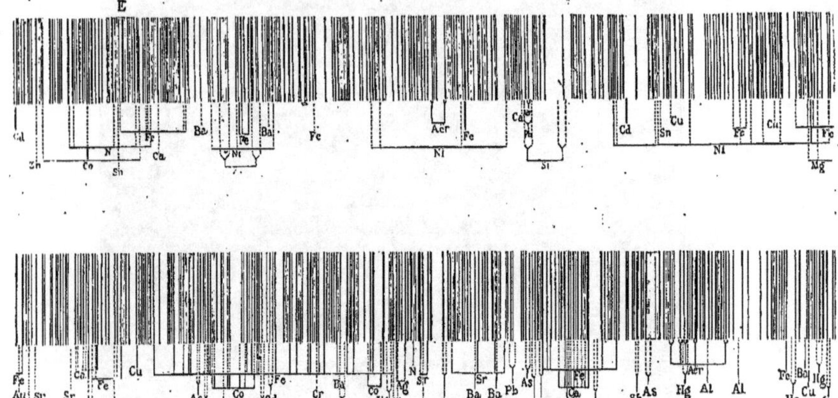

UNE PORTION DU SPECTRE SOLAIRE MONTRANT LA COINCIDENCE DES RAIES DU FER, DU NICKEL DU MAGNÉSIUM, ETC.

éclipses totales, mais qu'on sait à présent observer en tous temps. Nous allons y revenir dans un moment.

M. Janssen a récemment montré que cette enveloppe présente une structure très régulière, sensible seulement sur les photographies, et que l'auteur appelle *réseau photographique.* Ce réseau a beaucoup d'analogie avec les figures que les vibrations produisent à la surface d'une bulle de savon. On voit que cette analogie tient à l'analogie même de structure, le Soleil étant, toute proportion gardée, une gigantesque vessie pleine de gaz.

Il faut ajouter, pour finir la description du Soleil, qu'autour de la chromosphère existe une énorme *atmosphère* qui s'étend jusqu'à une immense distance, et qui, comme le montre la figure ci-jointe, apparaît durant les éclipses sous la forme bien connue de l'auréole solaire. On a soumis séparément les diverses parties du Soleil à l'examen spectroscopique.

La chromosphère donne un spectre qui, contrairement au spectre solaire ordinaire, est composé de raies brillantes : ce qui indique, d'après les faits exposés plus haut, que cette couche est formée d'une matière gazeuse lumineuse. D'après la position des raies, on y a reconnu la présence prédominante de l'hydrogène, puis le sodium, le baryum et le magnésium.

Les protubérances, que leur situation rattache à la chromosphère, sont en réalité de tumultueuses éruptions de substances violemment expulsées par les régions profondes de l'astre. On dirait une matière gazeuse lancée verticalement dans un espace rempli par une atmosphère très peu dense, s'y épanouissant et retombant ensuite lentement en affectant les formes les plus capricieuses. Le spectroscope permet de reconnaître, lors de la formation des protubérances, l'injection de certaines vapeurs, telles que celles du magnésium et du fer.

Passons à la photosphère, c'est-à-dire à la couche même d'où émanent la chaleur et la lumière que le Soleil répand à grands flots dans l'espace. C'est elle qui donne le spectre solaire proprement dit. Les innombrables raies obscures qui le sillonnent indiquent dans la source lumineuse l'existence d'un très grand nombre de corps qui tous, résultat de la plus haute portée, existent sur la Terre. Les plus nettement caractérisés sont le sodium, le fer, le magnésium, le cuivre, le zinc, le baryum, etc.

Étant obscur, le noyau interne ne peut fournir aucun résultat au spectroscope.

Disons en passant que l'analyse spectrale n'a pas été restreinte à l'étude du Soleil. Appliquée aux autres étoiles, elle a fourni des résultats dont l'importance contraste avec l'absence de données tirées de l'emploi des télescopes. Tandis que dans ces appareils, même les plus puissants, les étoiles restent sans disque, à l'état de simples points brillants, elles manifestent dans le spectroscope des caractères d'où l'on peut conclure la notion de leur nature intime.

A première vue, les spectres des étoiles présentent les analogies les plus étroites avec le spectre solaire. Ils montrent, comme celui-ci pour le Soleil, que la lumière qui les produit émane d'une matière solide ou liquide chauffée au blanc intense et qu'elle traverse une atmosphère de vapeurs absorbantes. De plus, on y retrouve les raies caractéristiques de corps simples connus sur la Terre, au moins pour la plupart.

Cependant les différentes étoiles observées jusqu'à présent sont loin d'être identiques au point de vue spectroscopique. Les astronomes ont reconnu que les étoiles se rapportent pour la plupart à quatre types parfaitement tranchés. Cependant quelques spectres peu nombreux, au lieu de se ranger nettement dans ces catégories, semblent servir d'intermédiaires entre elles.

2. MERCURE

Il y a peu d'années tout le monde était d'accord pour dire que la planète la plus voisine du Soleil est *Mercure*. C'est la plus petite de celles que les anciens ont connues. Sa densité, égale à 6,84, près de 7 fois aussi forte que celle de l'eau, est la plus grande des densités planétaires

Mercure présente des taches très sensibles, surtout auprès du bord intérieur du croissant où la lumière est le plus faible, ce qui prouve l'existence d'une atmosphère, laquelle paraît même plus dense que celle des planètes voisines.

MERCURE D'APRÈS SCHRŒTER.

Mercure est difficile à observer, à cause de la proximité du Soleil qui en masque l'éclat.

Un progrès récent de l'astronomie a consisté dans cette découverte que le système solaire admet des corps dont l'orbite est intérieure à celle de Mercure.

Tout d'abord, en 1862, un médecin d'Orgères, M. le Dr Lescarbault, vit passer sur le disque du Soleil un point noir dont l'allure lui parut être celle d'une planète intramercurielle. Le fait, soumis par Le Verrier à a critique la plus sévère, sortit victorieux de cet examen et personne n'aurait douté de sa réalité si, malgré les efforts les plus répétés, on était jamais parvenu à revoir cette planète si intéressante.

Toutefois, en calculant la marche de Mercure, Le Verrier était parvenu à cette conclusion qu'il est absolument nécessaire d'admettre l'existence d'une ou de plusieurs planètes encore inconnues, très voisines du Soleil; et, en compulsant d'anciens registres d'observations, on a trouvé des faits qui semblent prouver que les astres en question ont été réellement observés plusieurs fois. On leur a attribué provisoirement le nom de *Vulcain*, auquel leur donne

LES PHASES DE VÉNUS.

bien droit la proximité du foyer solaire, et la question est actuellement l'objet d'études suivies dans tous les observatoires.

3. VÉNUS

Vénus se trouve dans des conditions très analogues à celles de la Terre.

Son volume et sa densité, 5,10, sont presque les mêmes que ceux de la Terre. Son atmosphère est très épaisse, l'intensité de la radiation solaire y est double de ce qu'elle est sur notre globe, mais en revanche, l'axe de rotation étant beaucoup plus incliné sur le plan de l'orbite, l'arc diurne est très variable et par conséquent les climats doivent présenter des extrêmes bien plus tranchés que chez nous.

Vous savez que cette planète se signale dans notre ciel par l'éclat dont elle brille et il n'est personne qui n'ait entendu parler des expéditions que les astronomes organisent jusqu'aux antipodes pour observer le passage de Vénus sur le Soleil. L'examen de ce phénomène conduit en effet à apporter une rigueur de plus en plus grande à la mesure des éléments du système solaire. Observée au télescope, Vénus dont les changements d'éclat s'expliquent par les véritables phases subies par la planète, montre comme on le voit sur la figure ci-jointe, des taches sombres correspondant à des océans, et des portions plus brillantes qu'il est légitime de considérer comme des continents.

4. LA TERRE

La densité de la *Terre* est égale à 5,5. Vu du Soleil, son diamètre apparent est égal à celui que Vénus nous offre à sa distance moyenne.

A un spectateur placé en dehors de notre planète, celle-ci présenterait des taches constantes analogues à celles que Vénus vient de nous offrir et des zones variables, dues, les unes aux mers et aux continents, les autres aux nuages. Il y aurait de part et d'autre de l'équateur des zones sombres formées par les régions sereines des vents alizés; au delà se trouveraient des zones brillantes plus ou moins interrompues correspondant aux régions des plaines des tropiques. Dans le voisinage des pôles, l'aspect serait très variable suivant les saisons.

La Terre a un satellite, la Lune, qui plus loin nous occupera en détail.

5. MARS

Mars possède une mince atmosphère qui laisse voir les continents assez distinctement et permet de constater, comme une des particularités les plus remarquables de cette planète, le grand nombre de passes longues et étroites et de mers en *goulots de bouteille*, pour nous servir de l'expression pittoresque d'un astronome anglais.

Cette disposition diffère essentiellement de tout ce que l'on connaît sur la Terre. Ainsi la passe d'Huggins est un long canal fourchu beaucoup trop grand pour qu'on puisse le comparer à aucune rivière terrestre. Il s'étend sur 3000 milles anglais environ et joint la mer d'Ayry à celle de Maraldi. La passe de Bessel est presque aussi longue. Un autre canal, que les cartes désignent sous le nom de Nasmyth, est encore plus remarquable : commençant près de la mer de Tycho, il coule vers l'est, parallèlement à elle et à celle de Beer, puis se courbe brusquement vers le sud, et, s'élargissant alors, forme le fond de la mer de Kaiser.

Les mers en goulots de bouteille ou lacs constituent un trait singulier de la planète Mars. Celles que réunit le canal d'Oudemann forment une paire très remarquable. On en voit deux autres qui se ressemblent encore bien plus entre elles : elles sont séparées de l'océan Delarue par un isthme courbe et étroit. N'étaient ses vastes dimensions, on serait tenté de voir dans tout cet ensemble le résultat d'un travail artificiel. Mais chacune des deux mers a 3000 milles de longueur et 130 milles de large ; un canal qui les réunit à l'océan Delarue n'a pas une longueur moindre de 250 milles.

On sait que sur la Terre les océans ont trois fois la surface des continents, et l'on doit noter que l'Europe, l'Asie et l'Afrique forment ensemble une seule grande île, tandis qu'une autre île consiste dans la réunion des deux Amériques. Or, sur Mars, il existe une disposition tout à fait différente. D'abord, il y a une égalité presque complète entre les surfaces occupées par les continents et par les mers, et, en second lieu, ceux-ci sont mêlés les uns aux autres de la manière la plus compliquée. C'est au point qu'un voyageur pourrait, soit par voie de terre, soit en bateau,

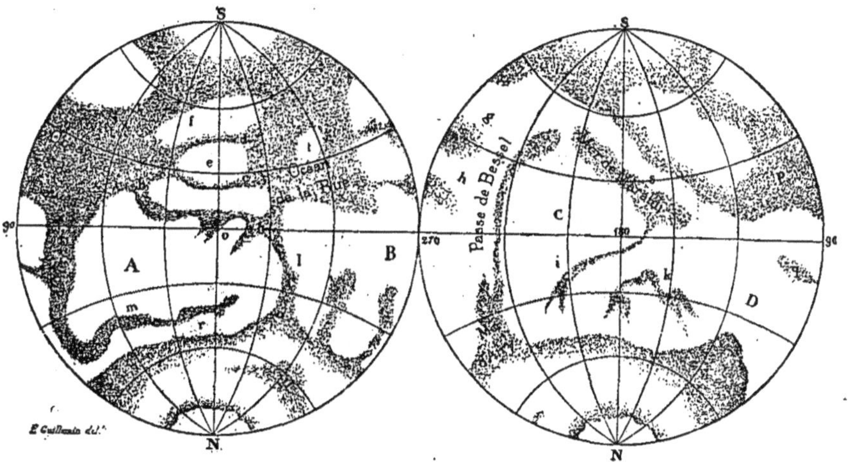

CARTE DE LA PLANÈTE MARS.

visiter presque tous les quartiers de la planète sans avoir à quitter l'élément sur lequel il aurait commencé son voyage.

La densité de Mars dépasse 4,5. C'est tout récemment qu'on lui a découvert deux satellites.

6. LES PETITES PLANÈTES

Au delà de l'orbite de Mars se rencontre tout un monde de *petites planètes*. C'est en 1801 que la première, appelée Cérès, fut découverte à Palerme par Piazzi. Aujourd'hui on en connaît 219, et il ne se passe pas d'année qu'on n'en découvre plusieurs.

Leur volume est très petit : Pallas, qui est la plus grosse, a 426 lieues seulement de diamètre. La surface totale de Vesta n'est que le neuvième de celle de l'Europe. Pour le plus grand nombre ces astéroïdes sont beaucoup plus petits encore.

Ceux d'entre eux qui se prêtent à l'observation télescopique se montrent comme n'étant pas sphériques, présentant tantôt des pointes, tantôt des surfaces plus larges. C'est ce qui explique leur extrême variabilité d'éclat et les divergences qu'on remarque dans la mesure de leurs dimensions. C'est

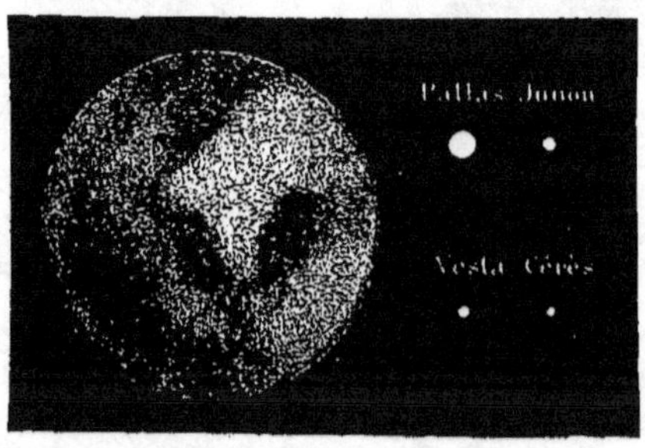

DIMENSIONS COMPARÉES DE LA TERRE ET DE QUATRE DES PETITES PLANÈTES.

ainsi que Cérès aurait 185 lieues de diamètre d'après Schrœtter, 90 d'après Argelander, et seulement 85 d'après W. Herschel.

Aucune de ces minuscules planètes n'a d'atmosphère.

Leurs orbites, inclinées très inégalement sur l'écliptique, se croisent de la manière la plus compliquée.

7. JUPITER

Jupiter est la plus grosse des planètes. Sa masse, trois fois plus considérable que celle de toutes les autres réunies, représente 334 fois celle de la Terre. Jupiter est escorté de quatre satellites, dont le plus petit dépasse de beaucoup la

Lune en grosseur, et dont le plus gros a des dimensions comparables à celles de Mars.

Son volume est 1500 fois plus grand que celui de la Terre; mais sa densité, égale à 1,29, est moindre que celle du Soleil et à peine plus grande que celle de l'eau. La gravité à sa surface est deux fois et demie plus considérable qu'ici : il

JUPITER ET SES BANDES.

doit en résulter une très forte pression qui, jointe à la faible densité de la planète, ne permet pas de la croire à l'état solide.

8. SATURNE

Saturne est la plus grande des planètes après Jupiter. Sa masse égale 102 fois celle de la Terre; son volume est proportionnellement très grand, car sa densité est représentée par 0,73. On peut donc *à fortiori* lui appliquer ce que nous avons dit de l'état liquide de Jupiter. On est confirmé dans cette opinion par les bandes nombreuses que présente la surface de Saturne. Ses pôles ont une couleur approchant du bleu, tandis que son équateur est d'un blanc éclatant.

Saturne possède le plus beau cortège de satellites de tout le système solaire : outre huit lunes, dont la plus grosse est comparable à la planète Mars, il s'entoure d'un merveilleux anneau dont on ne voit le pareil nulle part.

9. URANUS

La densité d'*Uranus* est très faible : 0,82. Cette planète est faiblement lumineuse par elle-même et se comporte

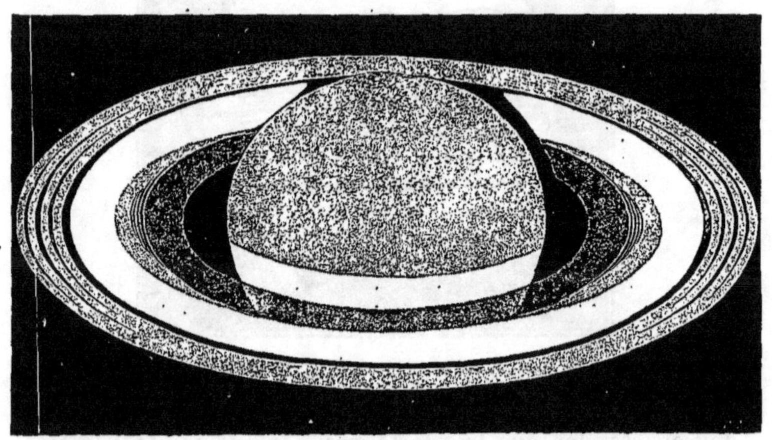

SATURNE ET SES ANNEAUX.

comme un corps gazeux; aussi comprend-on que lorsqu'il la vit pour la première fois, le 13 mars 1781, entre dix et onze heures du soir, l'illustre astronome Herschel n'hésita pas à la qualifier de *comète*. C'est sous ce nom qu'il en fut d'abord question à la Société royale de Londres.

Le volume d'Uranus est égal à 82 fois celui de la Terre.

Autour de la planète circule un cortège de nombreux satellites, de lunes plus ou moins analogues à la nôtre. Herschel et Lassel ont découvert huit astres secondaires de ce genre, mais on ne les a pas tous revus.

10. NEPTUNE

Neptune est le corps planétaire le plus éloigné du Soleil. Il fut découvert par Le Verrier à l'aide de méthodes dont le succès a été un vrai triomphe pour le principe de la gravitation.

Son volume est plus grand que celui d'Uranus, mais il est invisible à l'œil nu à cause de sa distance. Sa densité, qui n'a pu être déterminée, est très faible. Sa couleur verte analogue à celle de l'eau de mer montre que Neptune exerce une forte absorption sur les rayons solaires. Le vif éclat dont il brille malgré son énorme distance du Soleil pourrait faire croire qu'il est un peu lumineux par lui-même.

On n'arrive pas à voir son contour nettement terminé, ce qui conduit à supposer, conformément à la nature de son spectre, que cette planète est, comme Uranus, à l'état gazeux.

Neptune possède un satellite. L'astronome Lassel a annoncé en avoir observé un second, mais on n'a jamais pu le revoir.

11. LES COMÈTES

Les *comètes* sont des astres qui, comme les planètes, se meuvent à travers les constellations et occupent ainsi des positions très différentes dans le ciel. Ordinairement elles se distinguent des planètes par l'aspect.

En effet, une comète consiste le plus souvent en un point plus ou moins brillant environné d'une nébulosité qui s'étend sous forme de traînée lumineuse, dans une direction particulière. Le point brillant se nomme le noyau de la comète; la traînée lumineuse qui accompagne le noyau se nomme la queue, et la partie de la nébulosité qui environne immédiatement le noyau, abstraction faite de la queue, se nomme la chevelure.

UNE COMÈTE.

Cette nébulosité, que l'on est en droit d'assimiler à une sorte de brouillard analogue à celui qui se produit de temps en temps dans notre atmosphère, est bien loin d'être aussi peu transparente. Des étoiles, même très faibles, peuvent être aperçues à travers la queue ou la chevelure d'une comète, quoique les rayons lumineux qui viennent de ces étoiles aient souvent à la traverser dans des parties où elle présente une grande épaisseur. La nébulosité d'une comète doit donc être regardée simplement comme une vapeur très légère qui accompagne le noyau.

Les changements, souvent très rapides, qui surviennent dans la forme d'une comète, contribuent encore à nous confirmer dans cette idée. Nous citerons comme exemple la comète de Halley, qui fut observée avec beaucoup de soin par Herschel, au Cap de Bonne-Espérance, à la fin de 1835 et au commencement de 1836.

L'analyse prismatique des comètes prouve que leur substance est identique à celle des nébuleuses gazeuses. Dès 1864, M. Donati trouva que le spectre d'une comète apparue cette année-là était formé de trois raies brillantes, verte, jaune et rouge, séparées par des lacunes. Depuis, M. Huggins observa dans une autre comète l'existence simultanée de deux spectres, dont l'un, très faible et continu, fourni par la chevelure, montra que celle-ci devait sa visibilité à la lueur réfléchie du soleil, et dont l'autre, dû au noyau, lumineux par lui-même, consistait en une raie brillante. De nombreuses observations faites par divers savants sur les comètes de Tempel, de Brorsen, de Winnecke, etc., ont donné lieu à des découvertes analogues. Le dernier de ces astres a présenté à Secchi des raies qui coïncidaient avec celles qui caractérisent le carbone.

12. LES ÉTOILES FILANTES.

Les *étoiles filantes* sont ces points brillants qui, ressemblant complètement à des étoiles, se meuvent rapidement dans le ciel, de manière à traverser plusieurs constellations en quelques instants, et disparaissent ensuite. Il est rare qu'on n'en aperçoive pas, quand, par une belle nuit sans nuages, on reste un certain temps dans un lieu d'où l'on découvre une partie du ciel étoilé.

Chaque nuit, un observateur peut compter environ cinq étoiles filantes par heure; mais, à certaines époques de l'année, principalement vers le 10 août et le 13 novembre, le phénomène acquiert une intensité remarquable. Toutefois le flux de ces météores est loin de se présenter chaque année avec le même éclat. C'est ainsi qu'avant la belle apparition de novembre 1833, il fallait remonter jusqu'au 12 novembre 1799 pour retrouver un phénomène aussi brillant et, à cette époque, les habitants de Cumana (Amérique) informaient de Humboldt et Bonpland qu'en 1766 un phénomène analogue avait été observé. Ces apparitions de 1766, 1799, 1838, frappèrent l'astronome Olbers, qui, en 1837, annonça que le retour des grandes averses de novembre s'effectuait tous les trente-trois ans. La prédiction d'Olbers se réalisa complétement en 1866.

Le nombre des étoiles filantes d'août varie également chaque année. En 1848, on a observé un maximum (113 étoiles par heure); à partir de 1848, ce nombre a été constamment en diminuant jusqu'en 1858; depuis cette dernière époque, on a observé une série de maxima et de minima qui ont fait varier de 37 à 67 le nombre des étoiles vues en une heure.

Les étoiles filantes d'août et de novembre semblent, à chaque apparition, émaner d'un même point du ciel, situé, pour l'essaim d'août, dans la constellation de Persée, et pour l'essaim de novembre dans la constellation du Lion. On donne en conséquence aux météores de novembre le nom de *Léonides* et aux étoiles qui apparaissent vers le 10 août le nom de *Perséides*.

Cette direction constante des étoiles filantes, lors de leurs apparitions en août et en novembre, les distingue nettement des étoiles dites *sporadiques* qu'on observe durant toutes les nuits. Cependant, parmi ces dernières, un certain nombre ont pu être rattachées à des apparitions périodiques émanant de points fixes situés dans le ciel, et qu'on a appelés *points radiants*. M. Heis, de Münster, a déterminé la position de 56 points radiants dans notre hémisphère; M. Neumayer, de Melbourne, a fait connaître l'existence de 39 points radiants dans l'hémisphère austral.

Le phénomène des étoiles filantes présente des variations annuelle, diurne et azimutale.

Nous ne pouvons entrer dans de longs détails sur cette intéressante question; ajoutons seulement que la hauteur à laquelle ces météores se produisent serait, d'après Secchi, de 120 kilomètres; et que leur vitesse, d'après MM. Newton et Schiapparelli, serait égale à celle de la Terre multipliée par le nombre 1,41.

L'essaim de novembre a un mouvement rétrograde; cette particularité oblige les astronomes à admettre que cet essaim ne saurait appartenir au même ordre de formation que les planètes, et qu'il est d'une époque postérieure. En traçant l'orbite de l'essaim, on remarque qu'elle est rencontrée par l'orbite d'Uranus. M. Le Verrier s'est demandé si la planète Uranus n'aurait pas détourné de sa route primitive cet essaim et, par son attraction, ne l'aurait pas jeté dans l'orbite où il se meut aujourd'hui. Or, au commencement de l'année 126 de notre ère, la planète Uranus était assez voisine de l'essaim pour que l'attraction de cette planète pût se manifester. M. Schiapparelli, avant M. Le Verrier, avait également admis l'action perturbatrice d'une planète; seulement, d'après l'astronome italien, cette planète serait Jupiter ou Saturne.

Ainsi, l'essaim de novembre est nouvellement entré dans notre système; la matière dont il est formé s'est désagrégée, en s'étendant le long de son orbite, et, l'action perturbatrice de la planète ne cessant d'exister, on peut prévoir que cette matière s'étendra de plus en plus et finira par embrasser l'anneau tout entier. « Le phénomène de novembre, dit Le Verrier, apparaîtra donc dans la nuit des temps pendant un plus ou moins grand nombre d'années, mais en s'affaiblissant en intensité. Cette diminution d'éclat provient non seulement de la répartition de l'ensemble des corpuscules sur un plus grand arc de l'orbite, mais, en outre, de ce qu'à chaque apparition la Terre en dévie un très grand nombre de leur route. »

La formation de l'anneau d'août est vraisemblablement due à une cause identique. Les apparitions annuelles ont, dans ce mois, un éclat presque uniforme; on peut en conclure que la matière de l'essaim d'août est presque uniformément répartie sur cet anneau et que par conséquent sa formation est plus ancienne.

M. Schiapparelli a montré, d'une part, que l'orbite de l'essaim d'août coïncide avec celle d'une grande comète observée en 1862, et, d'autre part, que l'orbite de l'essaim de novembre est la même que celle d'une autre comète découverte à Marseille par M. Tempel au commencement de l'année 1866. Depuis, on a acquis de fortes raisons de croire qu'un essaim d'étoiles filantes que l'on observe vers le 10 décembre décrit dans l'espace la même ellipse que la singulière comète de Biela, et que la même relation existe entre un essaim paraissant le 20 avril et la première comète de 1861. Une pareille connexion entre les étoiles filantes et les comètes est évidemment de la plus grande importance au point de vue de la constitution de l'univers.

On a commencé l'étude spectrale des étoiles filantes, et naturellement on s'est d'abord occupé des bolides, que leur gros volume rend plus commodes à observer. M. Alexander Herschel a fait connaître le spectre de plusieurs de ces météores et il a signalé divers faits intéressants. Le plus net est la présence du sodium en vapeur dans la traînée de divers bolides.

13. LES PIERRES TOMBÉES DU CIEL.

Les *météorites* sont des corps solides, d'origine extraterrestre, dont on observe de temps en temps la chute à la surface du sol. On a désigné successivement ces corps sous un très grand nombre de noms différents, tels que *aérolithes, pierres de foudre, pierres de tonnerre, céraunies, pierres bolidiennes, uranolithes, météorolithes*, etc.

Le nom de météorites, plus généralement adopté, présente l'avantage de ne rien préjuger ni sur l'origine ni sur la nature des corps auxquels il s'applique.

Avant d'entreprendre l'étude des météorites, il convient de les bien distinguer de toutes les autres substances qui peuvent accidentellement tomber à la surface du sol ; et, comme on va voir, cette distinction est facile.

En effet, les circonstances qui accompagnent la chute des météorites se reproduisent avec une constance des plus remarquables et qui contraste avec la variété des phénomènes qui peuvent faire cortège à la chute des masses non-météoritiques. Nous verrons en outre que la nature minéralogique des pierres tombées du ciel ne permet de les confondre avec aucune autre substance, et suffit pour indiquer leur origine.

Les corps terrestres qui accidentellement tombent sur le sol sont de nature quelconque. Ils ont été arrachés à leur position naturelle, et élevés vers les hautes régions de l'atmosphère, puis, au bout d'un certain temps, abandonnés à leur propre poids. Les agents qui produisent le plus souvent ces transports sont principalement les volcans, les grands vents (ouragans) et les trombes.

UN OURAGAN AUX ANTILLES,

Ces dernières comptent même parmi les causes les plus énergiques de transport. On peut se faire une idée de leur puissance par l'exemple si souvent cité de la trombe qui, le 19 août 1845, causa tant de désastres dans le voisinage de Rouen, à Monville et à Malaunay. Après avoir détruit trois grandes filatures, sous les ruines desquelles les ouvriers furent ensevelis, elle transporta jusque auprès de Dieppe, à des distances de 25 et 38 kilomètres, des débris de toutes sortes, tels que vitres, ardoises, planches, pièces de charpente, voyageant par les airs à une telle hauteur, que ceux qui les aperçurent crurent voir des feuilles d'arbres. On cite parmi ces débris une planche de 40 centimètres de long sur 12 de large et 1 d'épaisseur.

Parmi les transports dus aux grands vents, on mentionne surtout les pluies de sable observées loin de tout amas de cette substance et, par exemple, en pleine mer. Pareille chose arriva entre autres le 7 février 1863 à Ténériffe, dont le pic se trouva pendant la nuit véritablement saupoudré d'un sable fauve arraché au désert de Sahara, distant de plus de 320 kilomètres.

Enfin, chaque éruption volcanique projette dans les airs des quantités plus ou moins considérables de matériaux pulvérulents, désignés généralement sous le nom de *cendres*, et dont la composition n'a rien de fixe. Si l'air est calme, la cendre retombe sur le cône même de la montagne ou dans son voisinage, et c'est ainsi qu'en l'an 79 de notre ère eut lieu la ruine de Pompéi, ensevelie sous une pluie de cendres vomies par le Vésuve ; mais si l'air est agité, et s'il existe dans les couches supérieures de l'atmosphère un courant horizontal suffisamment énergique, les cendres sont entraînées latéralement. Quand la vitesse du vent supérieur diminue, la cendre abandonnée à elle-même tombe sur le sol. Les éruptions du Vésuve ont quelquefois couvert Constantinople de cendres, ou même certains points de l'Égypte, et les cendres des volcans d'Islande sont allées fréquemment tomber en Norvège.

A ces trois causes principales de transport, il faut ajouter l'électricité atmosphérique, dont les effets mécaniques ont été parfois très remarquables. Arago, dans sa *Notice sur le tonnerre*, cite plusieurs exemples d'arbres entiers et de pierres ainsi transportés; il raconte même le cas d'un mur pesant environ 26000 kilogrammes; et que la foudre porta tout d'une pièce à près de 3 mètres de distance.

Ces différents agents mécaniques une fois signalés, et les matériaux qu'ils transportent une fois écartés, il reste les véritables météorites, dont nous allons nous occuper d'une manière exclusive.

Les circonstances qui accompagnent la chute des pierres sont remarquablement uniformes. Le phénomène une fois décrit d'une manière générale, il n'y a pas de changement notable à faire à la description, pour qu'elle s'applique à chaque chute prise en particulier. C'est toujours un globe de feu qui traverse rapidement l'atmosphère, éclate avec un grand fracas et laisse tomber sur le sol un nombre plus ou moins considérable de corps solides.

Le *bolide* est le globe de feu dont l'arrivée constitue la première phase du phénomène.

Dans certains cas, ce météore n'a pas été aperçu, mais on peut croire que sa présence a été simplement dissimulée, soit par l'interposition d'une couche de nuages, soit par le voisinage du Soleil qui en a éteint l'éclat. Dans les conditions favorables, c'est-à-dire par de belles nuits, l'éclat des globes de feu est souvent remarquable; il n'est pas rare que la lumière de la Lune en soit complètement effacée. Leur couleur est d'ailleurs variable, tantôt rouge, tantôt blanche, et tantôt changeante. Leur grosseur apparente, très inégale, est parfois supérieure à la grosseur de la lune, et leur hauteur, qu'on est arrivé à mesurer dans certains cas, est comparable à celle qu'on attribue à la couche atmosphérique.

Les bolides suivent une trajectoire très inclinée et souvent sensiblement horizontale ; leur vitesse est hors de proportion avec toutes celles que nous observons sur la terre. Les 30 à 60 kilomètres qu'ils parcourent à la seconde suffisent à démontrer que ce sont des corps planétaires. On sait que Mars franchit 24 kilomètres par seconde, et Mercure 48.

EXPLOSION D'UN BOLIDE ACCOMPAGNANT LA CHUTE DE MÉTÉORITES.

Dans leur marche rapide, les bolides, comme les locomotives, laissent derrière eux une traînée vaporeuse, qui souvent persiste dans l'atmosphère pendant un temps considérable.

Après avoir parcouru une trajectoire plus ou moins étendue, le globe fait explosion, on le voit se diviser en éclats, et l'essaim de corps solides (météorites) dont il se composait se précipite dans diverses directions.

Il faut souvent, à cause de la hauteur du bolide, plusieurs

minutes pour que le bruit parvienne aux spectateurs : ce bruit est formidable. En général, il se fait entendre sur une très grande étendue de pays. La chute de Laigle (Orne) fut précédée d'explosions entendues à 120 kilomètres à la ronde, et celle d'Orgueil (14 mai 1864) fut perçue à plus de 360 kilomètres. D'ailleurs l'explosion est rarement simple : souvent on entend deux ou trois détonations, et, à leur suite, des roulements plus ou moins forts qui se prolongent plus ou moins longtemps.

C'est après tout cet ensemble de phénomènes que des sifflements particuliers annoncent l'arrivée des météorites. Les Chinois comparent ces sifflements au bruissement d'une étoffe qu'on déchire, ou encore à celui des ailes des oies sauvages; le bruit d'un obus qui traverse l'air a également de l'analogie avec celui dont il s'agit.

La température des météorites au moment de leur chute est d'ordinaire trop élevée pour qu'on puisse les toucher avec la main. Mais cette température élevée est tout à fait localisée à leur surface. Leur intérieur est remarquablement froid. Lors de la chute de Dhursalla dans l'Inde (14 juillet 1860), une pierre ayant été brisée presque aussitôt après son arrivée à terre, les témoins furent extrêmement surpris du froid intense de ses parties internes. Ce froid est celui de l'espace interplanétaire, où la pierre s'en est imprégnée.

Le nombre des météorites d'une même chute ou d'un même bolide est extrêmement variable; il va d'une seule pierre à plusieurs milliers. On estime que le bolide de Pultusk, en Pologne (30 janvier 1868), a fourni cent mille pierres; chacune d'elles est complétement enveloppée d'une écorce noire, et par conséquent entière, c'est-à-dire telle qu'au moment où l'explosion a eu lieu dans l'atmosphère.

Quand les pierres sont très nombreuses, il y a intérêt à voir comment elles se distribuent sur le terrain. M. Daubrée, à l'occasion de la chute d'Orgueil (Tarn-et-Garonne), 14 mai 1864, a publié une carte qui montre comment les échantillons recueillis étaient répartis à la surface du sol. Le bolide se mouvait sensiblement de l'ouest vers l'est; les pierres recouvrirent une sorte d'ellipse dont le grand axe avait la même orientation. Mais tandis que les fragments les plus volumineux parvinrent à l'extrémité orientale de l'ellipse, les petits tombèrent à l'ouest et les moyens prirent des positions intermédiaires. De façon que, comme le dit l'auteur, « ce triage a été évidemment produit par l'inégale résistance que l'air opposait à ces projectiles selon leur masse, ce qui s'accorde avec la supposition qu'ils arrivaient suivant la même direction et très rapprochés les uns des autres. »

La description de la chute des météorites ne serait pas complète si nous ne disions un mot de l'impression profonde que le phénomène produit sur les spectateurs.

Lors de la chute de Saint-Mesmin (Aube), 30 mai 1866, un poseur du chemin de fer éprouva une grande frayeur et fut saisi d'un frisson qui dura quatre minutes et d'un bourdonnement dans les oreilles qui persista près d'une heure.

On assure que les animaux eux-mêmes sont très vivement affectés, avant même que l'explosion se soit fait entendre.

Biot en cite plusieurs exemples à propos de l'explosion du bolide de Laigle; des faits analogues, sinon plus significatifs encore, ont été observés à Boulogne-sur-Mer lors de la chute du 20 juin 1866.

Ainsi, un témoin assure que son chien, quelques minutes avant le phénomène, était tourmenté; qu'il avait la tête en l'air à la porte du bureau et qu'il tremblait. C'est en cherchant la cause de ces allures inaccoutumées que le maître aperçut dans le ciel la traînée lumineuse. D'un autre côté, le gardien du fanal d'Alpseck assure que peu de temps avant l'explosion « ses poules, ses canards et ses pigeons étaient rentrés au logis tout aussi précipitamment que s'ils eussent été poursuivis par un chien. »

D'ailleurs, on est parfaitement en droit de n'accorder à ce phénomène grandiose qu'une admiration mêlée d'appréhension, car plus d'une fois il a été la cause de terribles accidents. On lit, dans le catalogue dressé par M. Biot fils des météorites observés en Chine, qu'une pierre, tombée en l'an 616 de notre ère, fracassa un chariot et tua dix hommes.

Le capitaine hollandais Willmann rapporte qu'étant en mer une boule de 4 kilogrammes tua deux hommes en tombant sur le pont de son navire qui voguait à pleines voiles. Le fait se passait à la fin du XVIIe siècle. Vers la même époque, un franciscain fut tué à Milan par une petite pierre. En 1837, un assez grand nombre de bœufs furent tués ou blessés à Macao, au Brésil, par une pluie de pierres. Nous pourrions multiplier ces exemples.

D'un autre côté, d'après divers récits, des météorites auraient parfois déterminé des incendies. Ainsi, on trouve dans les *Mémoires de l'Académie de Dijon* que, dans la nuit du 11 au 12 octobre 1761, une maison fut incendiée par la chute d'une météorite à Chamblou, en Bourgogne. Les *Comptes rendus de l'Académie des sciences* rapportent de même que, le 13 novembre 1835, un brillant météore apparut vers neuf heures du soir par un ciel serein, dans l'arrondissement de Belley (Ain), éclata près du château de Lauzières et incendia une grange couverte de chaume: les remises, les écuries, les récoltes, les bestiaux, tout fut brûlé; on ajoute qu'une météorite fut trouvée sur le théâtre de l'évènement. Cependant il n'est pas certain que la pierre dont il s'agit ait été la cause du sinistre; et il semble certain que les météorites, quoique souvent très chaudes, comme on l'a observé, par exemple, à Braunau (14 juillet 1847), n'ont pas d'ordinaire une température suffisante pour déterminer l'inflammation des corps sur lesquels elles tombent.

La liste des accidents causés par les bolides ne serait pas complète si nous n'ajoutions qu'ils ont constitué parfois de véritables pommes de discorde envoyées du ciel parmi les mortels. A propos de deux chutes, l'une à la Bécasse (Indre), l'autre en Vendée, les tribunaux ont été saisis de demandes en dommages-intérêts, et ont eu à examiner la question de savoir à qui devait appartenir la météorite tombée dans un champ. L'ouvrier qui y travaillait au moment de la chute et le propriétaire du champ se la disputaient. Les tribunaux ont, dans les deux cas, donné raison au propriétaire du champ.

Cependant, tout en nous inclinant devant cette décision avec tout le respect dû à la chose jugée, nous pouvons nous étonner d'une semblable solution. Qu'auraient dit en effet ces mêmes propriétaires, si empressés à faire valoir leurs titres, si des ouvriers salariés par eux eussent été tués sur le terrain par les pierres objet du litige et si les familles de ces malheureux avaient réclamé des dommages-intérêts à ceux pour le compte desquels ils travaillaient? Tout droit implique des devoirs; si l'on se refuse à accepter des charges même aléatoires qui découlent de l'exercice d'un droit, ne doit-on pas renoncer à ce droit même? C'est ce à quoi sans doute on n'a pas assez songé dans la circonstance.

La chute des météorites est loin d'être rare et date de la plus haute antiquité. Les populations primitives, frappées de son imposant cortège d'éclairs et de détonations, n'ont pas manqué d'en faire entrer la description dans leurs légendes.

Elle joue même dans les traditions un rôle si grand, qu'on lui a rattaché des phénomènes qui n'ont rien de commun avec elle : par exemple, la dispersion à la surface de la Crau des innombrables galets qui la recouvrent, et ce fait dont témoigne le passage suivant du *Prométhée délivré :*

« Te faire une arme des pierres du chemin, il n'y faut pas compter; tout le pays n'est que terre molle. Mais, en voyant ta perplexité, Zeus te prendra en pitié, et grâce à lui, de la nuée entr'ouverte, ce sera une grêle de galets à couvrir la terre. Avec eux, sans peine, tu accableras l'armée des Ligures. »

Certains épisodes des grandes épopées scandinaves (de la *Voluspa* et de l'*Edda Junior*) sont ainsi résumés par M. Moreau de Jonnès :

« Le chemin de la lune gronde sous le char de Thor, le dieu du tonnerre.... Les régions aériennes s'enflamment, le ciel brûle au-dessus des hommes... Des yeux ronds semblables à des lunes sont formés par les flammes dans les cieux, la terre se déchire, les roches se détachent, et le sol est couvert d'une grêle. »

Et quoique le savant auteur oublie d'en faire la remarque, il est impossible de ne pas voir dans ce récit une description de chutes météoritiques.

« Ailleurs, ajoute M. Moreau de Jonnès, les poèmes runiques comparent la foudre lancée par Thor à une masse de fer brûlante. » Et cela achève de compléter la ressemblance.

Non seulement les anciens ont décrit des chutes de météorites, mais les peuples primitifs ont dû souvent utiliser les produits de ces chutes.

« C'est sans doute donner une interprétation plausible de l'anecdote mythologique, qui nous montre le maître des dieux envoyant un secours de flèches aux combattants qu'il veut favoriser, que d'y voir l'indication de ce fait que des masses métalliques tombées des nues, avec accompagnement d'éclairs et de tonnerre, ont été employées à faire des flèches. La fable qui représente les cyclopes forgeant la foudre témoigne également de l'emploi primitif du fer météorique ; par cela seul, en effet, que le métal, si inévitablement identifié avec la foudre, est considéré comme un produit de la forge, il est évident qu'on savait qu'il pouvait être forgé. Des forgerons mettant en œuvre du fer tombé d'en haut auront donné lieu à cette fable, et l'origine céleste des premiers matériaux de leur industrie peut n'être pas étrangère au caractère sacré que les traditions nous montrent avoir appartenu, à l'origine, aux ouvriers qui travaillent le fer[1]. »

A des époques moins reculées, les historiens grecs, romains et autres, ont enregistré avec beaucoup de soin d'innombrables chutes de météorites : Pindare, Plutarque, Tite-Live, Pline, Valère-Maxime, Julius Obsequens, César, Ammien Marcellin, Photius, Mézeray, Avicenne, Sauval, etc., en mentionnent des exemples.

Même plusieurs pierres météoriques furent élevées au rang de divinités. Témoin celle qui était adorée sous le nom d'*Élagabale* chez les Phéniciens, de *Cybèle* ou de *mère des Dieux* chez les Phrygiens, de *Jupiter Ammon* dans la Libye, et qui, 104 ans avant notre ère, fut transportée à Rome, où elle devint l'objet d'un culte particulier.

Une autre pierre, tombée près du temple de Delphes, passait pour avoir été rejetée par Saturne ; une autre, tombée à Abydos, en Asie Mineure, était conservée dans le gymnase de cette ville ; une autre, tombée à Posidée, en Macédoine, étant regardée comme d'un favorable augure, y avait attiré une puissante colonie. On dit que la pierre noire de la mosquée de la Mecque est une météorite. On voyait encore en 1789, dans l'église même de la petite ville d'Ensisheim, en Alsace, une grosse pierre tombée au XVe siècle, devant Maximilien, empereur d'Allemagne.

Il n'est d'ailleurs pas besoin de remonter dans le passé pour signaler des croyances de ce genre. Entre mille exemples qu'on en pourrait citer, nous rapporterons, d'après M. Hartmann, que chez les nègres Ashantis les prêtres présentent au peuple des météorites comme le principal emblème de la divinité. On trouve des traces de superstitions semblables chez des populations qui n'ont rien de commun avec les nègres. Ainsi

1. *Le Ciel géologique*, par M. Stanislas Meunier, p. 135.

durant l'expédition du Mexique, nos soldats trouvèrent, enchâssé dans le mur de la petite église de Charcas, un fer tombé du ciel à une époque inconnue. Ce bloc était l'objet de dévotions assidues et rapportait de beaux bénéfices à la fabrique. Les dames mexicaines se distinguaient surtout par leur empressement à en faire l'objet de leurs offrandes. Ne s'imaginaient-elles pas que cette masse, dont la forme rappelle celle des bornes sacrées de l'Inde, possédait le pouvoir de les soustraire aux horreurs de la stérilité?

Il n'est pas nécessaire, à la rigueur, de traverser l'Atlantique pour rencontrer des croyances aussi absurdes que celle qui vient d'être signalée. En France, l'année dernière, des paysans qualifiant de *champ maudit* une pièce de terre où était tombée une météorite, s'en sont écartés avec effroi pendant plusieurs jours.

Il ne nous vient guère d'échantillons météoritiques que les amis des sciences ne soient obligés d'user de ruse ou d'adresse pour en opérer le sauvetage. Tantôt nos paysans sont persuadés que les pierres portent malheur, et alors ils veulent les détruire; tantôt ils pensent au contraire que leur possession est un gage de prospérité, et dans ce cas, pour se les partager, ils les brisent en petits éclats.

Ce qu'il faut leur faire savoir, c'est que ces pierres portent bonheur, mais en ce sens qu'on les paye fort cher au Jardin des Plantes, et qu'on y les paye d'autant plus qu'elles ont subi moins de détériorations.

Malgré des témoignages innombrables, contre-signés souvent des noms les plus illustres, les savants, jusqu'à la fin du XVIIIe siècle, rejetèrent ce phénomène sans seulement l'examiner, et ne virent dans tous ces faits qu'une preuve de plus « de la crédulité du bas peuple ».

Nous n'inventons rien.

Voici comment, en 1768, s'exprimait dans un rapport à l'Académie l'immortel Lavoisier, au sujet d'une chute observée tout récemment dans le Maine, avec la plus vive émotion, par la population de Lucé : « L'opinion qui nous paraît la plus probable, celle qui cadre le mieux avec les principes reçus en physique, avec les faits rapportés par les témoins, et avec nos propres expériences, c'est que cette pierre (un échantillon de météorite), qui peut-être était couverte d'un peu de terre et de gazon, aura été frappée par la foudre, et qu'elle aura été mise en évidence. »

La réprobation prononcée par Lavoisier fut acceptée par tous comme un article de foi. Un exemple prouve tout le crédit dont jouissait au point de vue scientifique l'ancien fermier général. En juillet 1790 Saint-Amans, professeur à l'école centrale d'Agen, reçut avis qu'à Barbotan (Landes) des pierres étaient tombées du ciel en grand nombre. On parlait de l'apparition en même temps, vers dix heures du soir, d'une lumière des plus brillantes avec accompagnement de détonations épouvantables. Quant aux pierres tombées sur le sable fin de la lande, ajoutait-on, elles n'y seraient pas restées deux jours sans attirer l'attention si quelqu'un les avait apportées avant le phénomène. Il était impossible d'être plus précis et plus complet.

Malgré ce luxe de détails, l'opinion, grâce au rapport de Lavoisier, était si bien faite que Saint-Amans n'y vit que l'occasion de se livrer à des gorges chaudes avec son ami Bertholon ; et c'est lui-même qui, avec une loyauté dont on doit lui tenir compte, s'en accusa plus tard. Pour augmenter le divertissement qu'il tirait de ce « conte fait à plaisir », ne trouva-t-il pas plaisant de *faire constater une pareille absurdité par un acte authentique* et de demander sur les lieux un procès-verbal de la chute des pierres et la liste de ceux qui en avaient été témoins?

Le procès-verbal arriva. Contre l'attente du savant on y avait annexé une note d'où il résultait que trois cents personnes pouvaient rendre témoignage de l'authenticité du fait.

Bertholon fit insérer le tout dans son *Journal des Sciences utiles* publié à Montpellier. Il fit d'ailleurs suivre cette relation des commentaires les plus méprisants au sujet de la crédulité des paysans.

Mais voici qui paraîtra plus fort. En 1802, Pictet, passant à Paris, présenta à l'Académie des sciences un mémoire dans lequel il concluait à la réalité du phénomène. Son auditoire était si mal disposé que, suivant l'expression d'un historien, il lui fallut un *vrai courage pour achever sa lecture.* Or il est à remarquer que Pictet arrivait d'Angleterre où, grâce à la discussion des témoignages arrivés de Bénarès en 1798, grâce surtout aux analyses de météorites exécutées par Howard, l'opinion était désormais fixée.

Le verdict de l'Académie n'empêcha cependant pas les pierres de tomber, et l'époque paraît même avoir été particulièrement fertile en chutes.

Enfin, la chute observée en 1803, dans l'Orne, contraignit les physiciens à prendre enfin en considération le témoignage des paysans, et l'on vit un membre de l'Institut, Biot, aller demander aux villageois des environs de Laigle de faire son éducation et celle de l'Académie sur un des chapitres les plus importants de la physique du monde.

Si l'on peut s'étonner de la lenteur que mit l'Académie à s'informer du phénomène, on ne doit pas manquer de rendre hommage à la méthode essentiellement scientifique suivie par Biot dans son enquête. Lorsqu'on lit son admirable *Relation*, on est frappé de sa précision. Sa plus grande crainte est de se former trop tôt une opinion qui l'empêche de discerner la vérité. Et sa conduite en cette affaire est d'un si grand exemple pour ceux qui ont le goût des sciences, que nous croyons devoir la montrer avec quelques détails.

Il ne se rendit pas directement à Laigle. Il nous dit pourquoi :

« Si l'explosion du météore avait réellement été aussi violente qu'on nous l'annonçait, on devait en avoir entendu le bruit à une très grande distance. Il était donc conforme aux règles de la critique de prendre d'abord des informations dans des lieux éloignés sur ce bruit extraordinaire, sur le jour et l'heure auxquels on l'avait entendu, d'en suivre la direction, et de me laisser conduire par les témoignages jusqu'à l'endroit même où le météore avait éclaté. »

Guidé par ces considérations, l'académicien se rendit à Alençon, qui est situé à 15 lieues au sud-ouest de la ville de Laigle.

Les renseignements ne tardèrent pas : le courrier de Brest à Paris lui dit que le mardi 6 floréal (26 avril), à neuf lieues d'Alençon, il vit dans le ciel un globe de feu qui parut par un temps serein du côté de Mortagne, et sembla tomber vers le nord. Quelques instants après on entendit un grand bruit semblable à celui du tonnerre. L'heure était celle de midi trois quarts. Par la marche de ce globe de feu, par le bruit, et surtout par l'heure, M. Biot jugea que c'était le commencement du météore de Laigle.

A Alençon, le bruit de la ville n'avait pas permis de percevoir celui du bolide.

A Séez, à Nonant, au Merlerault, tous les habitants questionnés furent unanimes dans la description du phénomène : globe lumineux et bruit.

Du Merlerault, Biot se rendit à Sainte-Gauburge. Chemin faisant il interrogea une foule de paysans.

Un petit chaudronnier de dix à douze ans, qui faisait route avec sa tôle et ses outils sur le dos, écoutait une femme du pays à qui l'académicien demandait des détails de l'explosion. « Oh! monsieur, dit l'enfant, on l'a entendue beaucoup plus loin; on l'a entendue à trois lieues d'Avranches. — Vous avez donc ouï dire cela? — Monsieur, je le sais mieux que par ouï-dire, puis que j'y étais. » Il y a 36 lieues d'Avranches à Laigle.

Dans le village de Sainte-Gauburge, à quatre lieues ouest-sud-ouest de Laigle, tout le monde avait entendu l'explosion. Il n'y était pas tombé de pierres, mais on avait entendu parler de celles qui étaient tombées près de Laigle, et plusieurs habitants en possédaient des échantillons. M. Biot avait emporté de Paris une pierre qu'on disait être tombée du ciel à Barbotan, près Roquefort, en 1790, et la montra à l'un de ces collectionneurs, qui la reconnut aussitôt pour être tombée du ciel; celui-ci ayant ensuite exhibé sa pierre qui pesait environ une livre, elle se trouva en tout semblable à celle de Barbotan.

Il n'était pas tombé de pierres à Laigle même, mais un habitant, M. Humphroy, beau-frère de Leblond, membre de l'Académie des sciences, parla à Biot d'une masse pesant $8^{k},56$ qui avait été ramassée à la Vassolerie, village situé à une lieue de Laigle. M. Humphroy, qui s'était transporté sur les lieux le jour même de l'évènement, avait vu les paysans encore assemblés autour du trou que la pierre avait fait en tombant. Ce trou, que Biot vit aussi, était profond de 50 centimètres; la terre avait été lancée à plus de $4^{m},86$ de distance. M. Biot recueillit les témoignages des enfants qui avaient vu tomber à vingt pas d'eux, et à leur grande épouvante, la masse météoritique.

La chute était bien constatée. Il restait à l'académicien à prendre des renseignements propres à lui faire connaître la route que le météore avait suivie, et l'étendue du pays sur lequel il paraissait avoir éclaté.

Nous n'avons pas le loisir de le suivre dans cette seconde série de recherches; elle ne fut pas moins intéressante que la première; et Biot rapporta du département de l'Orne un grand nombre de pierres météoritiques, qui furent déposées au Muséum d'histoire naturelle, où on peut les voir encore.

Pendant fort longtemps, les météorites ont paru à ceux qui

s'en occupaient toutes identiques entre elles ou du moins peu différentes les unes des autres. Cette opinion, pour le dire en passant, a même été fort utile pour amener les savants à reconnaître la réalité du phénomène qui nous occupe : de ce que les pierres étaient toutes semblables, on en concluait plus aisément que leur origine était commune. Aujourd'hui, au contraire, il est reconnu qu'il existe autant de variétés entre les météorites qu'entre les roches terrestres, et l'on en est même arrivé à ce point que leurs caractères communs se bornent à fort peu de chose.

Ce qui frappe tout d'abord quand on regarde les météorites, c'est l'irrégularité de leur forme extérieure. Leurs angles, sans doute vifs à l'origine, sont émoussés comme par l'effet d'un frottement énergique ou longtemps continué ; l'analogie de leurs formes avec celles des blocs de roches terrestres qui ont subi des actions analogues se reconnaît à première vue.

Un second caractère général des météorites consiste dans l'existence d'une écorce noire, extrêmement mince. Cette écorce n'est pas identique dans toutes les météorites. Ordinairement d'un noir mat, elle est très luisante chez certaines pierres que nous citerons tout à l'heure, et même une météorite tombée en 1843 à Bishopville aux États-Unis offre une croûte luisante et presque blanche.

A part ces deux caractères, forme fragmentaire et surface vernissée, les masses qui tombent du ciel n'offrent rien de général ; nous constaterons même entre elles de profondes différences.

Certaines roches météoritiques à peu près dépourvues d'analogues parmi les roches terrestres sont composées de fer métallique compact. On les désigne depuis longtemps sous le nom de *fers météoriques*, et par opposition d'autres sont appelées *pierres météoriques*. Entre ces deux termes extrêmes, les fers et les pierres, on trouve des masses qui établissent des transitions presque insensibles.

Le fait de la présence ou de l'absence du fer métallique paraît être le meilleur caractère pour faire les grandes divisions parmi les météorites, quoique, en examinant les choses de près, on reconnaisse que les pierres absolument dépourvues de fer sont extraordinairement rares. La plupart des météorites contiennent du fer et de la pierre en proportions d'ailleurs extrêmement variables. Mais la situation relative de ces minéraux est loin d'être toujours la même. Tantôt la pierre est à l'état de grains englobés dans le fer, tantôt, au contraire, le métal est en grenailles disséminées dans la pierre.

Les fers météoriques constituent des roches très singulières, non seulement en comparaison des roches terrestres, mais même par rapport aux autres météorites.

Ils sont formés d'un métal compact tout à fait pareil pour l'aspect et les principales propriétés physiques à l'acier le mieux fabriqué.

La chute de ces fers est beaucoup plus rare que celle des autres météorites. Depuis plus de cent vingt années on n'a observé dans l'Europe entière que quatre chutes de fers et même l'une de ces chutes est douteuse. Elles ont eu lieu à Hraschina, près d'Agram, en Croatie, le 26 mai 1751; à Baufremont, dans les Vosges, en 1842 (c'est celle-ci qui est douteuse); à Braunau, en Bohême, le 14 juillet 1847; enfin à Tabarz, en Thuringe, le 18 octobre 1854.

Cette rareté contraste avec le nombre relativement très grand des chutes de pierres. Pendant ces mêmes cent vingt années on a compté en Europe plus de 190 pluies de pierres dont plusieurs se composaient de milliers de météorites.

On n'en a pas moins trouvé à la surface du globe un nombre considérable de blocs métalliques qui sont évidemment d'origine météoritique. Quoique leur chute n'ait pas eu de témoins, on les reconnaît comme météoritiques, avec autant de certitude que si on les avait vus tomber, à tout un ensemble de caractères qu'aucune roche terrestre ne présente et que nous allons faire connaître.

La composition des fers météoriques n'est pas aussi simple qu'on pourrait le croire, et contraste sous ce rapport avec celle de l'acier. Il est vrai que l'analyse chimique donne des résultats en général peu compliqués, mais, comme on va le voir, ils ne rendent pas compte de la nature spéciale de chaque fer. Ainsi, M. Rivot, analysant le célèbre fer de Caille, sur lequel nous reviendrons dans un moment, y a trouvé :

Fer	93,3
Nickel	6,2
Silicium	0,9
Cobalt, chrome	traces
	100,4

Ces nombres fournissent des notions évidemment très utiles, mais très incomplètes. Un coup d'œil suffit en effet pour montrer que le fer analysé n'est pas un minéral défini, semblable à lui-même dans toutes ses parties; mais que, comme la plupart des roches, il consiste dans le mélange de plusieurs minéraux différents. Outre le *fer nickelé* qui en constitue la masse principale, on y voit de gros rognons cylindroïdes d'une matière spéciale appelée *troïlite*, qui est formée d'un sulfure double de fer et de nickel. Sous l'influence des agents atmosphériques, ce sulfure très attaquable disparaît peu à peu et laisse vide la place qu'il occupait; c'est pour cela que le gros échantillon de Caille exposé dans la collection du Muséum et dont voici une reproduction est tout lardé de cavités cylindroïdes que pendant longtemps on a crues forées artificiellement. Autour de la troïlite on reconnaît des couches concentriques de *graphite* tout à fait analogue à la mine de plomb et qui pourrait comme elle servir à la fabrication de crayons. Enfin, dans certaines régions, on reconnaît des amas d'une matière métallique appelée *schreibersite*, qui est formée par la combinaison du phosphore avec le fer, le nickel et le magnésium.

Ce n'est pas encore tout. Le fer nickelé, que nous considérons comme simple, est lui-même fort complexe. Une expérience très ingénieuse, imaginée par le physicien Widmanstætten, montre qu'il consiste dans l'assemblage de lamelles formées d'alliages définis, mais différents les uns des autres.

Pour faire *l'expérience de Widmanstætten*, on produit sur

LE FER MÉTÉORIQUE DE CAILLE EXPOSÉ DANS LA GALERIE DE GÉOLOGIE DU MUSÉUM.

un fer une surface plane, puis on la polit avec soin et, cela fait, on la soumet à l'action d'un acide, de l'acide chlorhydrique par exemple. Au lieu de s'attaquer uniformément comme ferait du fer terrestre, le métal céleste laisse apparaître un réseau admirablement dessiné, qui doit son origine à ce que divers alliages, inégalement attaquables, occupent, les uns vis-à-vis des autres, des situations très régulières. En poussant l'attaque à un degré convenable, la surface primitivement lisse du fer se transforme en un véritable *cliché* dont on peut tirer des épreuves comme d'une planche gravée. Les divers alliages associés dans la figure de Widmanstætten sont, comme nous venons de le dire, parfaitement définis : on a pu les isoler, les purifier, les analyser, et c'est alors seulement qu'il a été possible de classer les fers météoriques. On a vu ainsi, par exemple, les soixante-dix chutes de fer météorique que possède le Muséum se répartir entre onze types parfaitement définis, dont chacun a pu conséquemment se présenter à diverses reprises.

Nous insistons sur cette dernière remarque qui reviendra pour d'autres météorites, et sera fertile en enseignements. Pour montrer comment des fers de chutes différentes peuvent être rigoureusement identiques, il suffira de dire que précisément les trois plus gros blocs de notre grande collection nationale, qui proviennent, comme on va le voir, de localités très différentes, appartiennent à un même type.

Le moins volumineux, pesant 104 kilogrammes et remarquable par sa forme conique, a été découvert au Chili en 1866.

C'est don Lisara Fonseca qui la rencontra sur l'un des sommets des andes chiliennes près de Juncal, dont on a une représentation sous les yeux.

Don Lisara explorait la montagne en quête de gîtes métallifères. Rien n'avait pu l'arrêter ; ni les chaleurs de l'été si redoutables dans ces régions élevées de 3000 mètres audessus du niveau de la mer, ni la sècheresse qui était telle, que les ongles se brisaient comme du verre et que l'épiderme se fendillait. La caravane, composée au départ de vingt-cinq mules et de plusieurs mineurs, avait été décimée par la soif, par la fatigue, par la maladie, et il ne restait plus que quatorze bêtes chancelant de besoin. Si l'on excepte le chef de l'expédition, tous les hommes semblaient à bout de force et de courage.

LES ENVIRONS DE JUNCAL OU LINARA FONSECA A DÉCOUVERT UN FER MÉTÉORIQUE.

A la vue de l'échantillon minéralogique, l'ardeur renaît et l'on décide qu'on le descendra, coûte que coûte, dans la plaine, bien que 104 kilogrammes soient en semblable occurrence de quelque considération. A force d'héroïsme, on vient à bout de cette tâche et le bloc arrive enfin à Nantoco.

On s'imaginera peut-être, d'après ce récit, que don Lisara Fonseca est un minéralogiste déterminé; qu'il porte aux météorites un grand intérêt, et qu'à ce titre il a droit à la reconnaissance de tous ceux qui cultivent les sciences naturelles. Hélas! il faut détruire une opinion si flatteuse pour l'explorateur chilien. La vérité est que, si notre homme n'avait pas vécu dans une bienheureuse ignorance à l'égard des pierres tombées du ciel, si seulement il avait lu un livre tel que celui-ci, la belle masse qu'on peut admirer au Muséum gésirait encore dans sa solitude desséchée. Don Lisara Fonseca ne l'en a tirée, en effectuant un prodige de transport, que parce qu'à la suite d'un examen très sommaire il avait pris cette masse de fer pour un bloc d'argent massif, annonçant dans le voisinage l'existence de précieux filons métalliques.

La seconde masse de fer météorique du Muséum (la seconde quant au poids) a été découverte én 1828 par Brard à la porte de l'église du petit village de Caille (alors Var, aujourd'hui Alpes-Maritimes). On la connaissait dans le pays sous le nom de la *pierre de fer*, et l'on racontait qu'elle avait été trouvée, deux cents ans auparavant, sur la montagne voisine d'Audibert à la suite d'un violent orage. Elle pèse 540 kilogrammes, et nous venons d'en donner l'image.

Enfin la plus grosse de toutes, du poids de 780 kilogrammes, a été rapportée de Charcas (Mexique) en 1866 par notre armée. Nous l'avons déjà citée à propos des superstitions dont elle était l'objet.

Une seconde division parmi les météorites concerne des masses qui consistent en fers renfermant çà et là des grains pierreux. Certains fers proprement dits, renfermant à l'état microscopique des cristaux de nature pierreuse, établissent entre cette division et la précédente une transition insensible: tel est le fer trouvé à Tuczon, au Mexique, en 1846, qui contient plus de 5 pour 100 de petits cristaux de péridot disséminés dans sa masse.

Les échantillons de la seconde division sont beaucoup moins nombreux que les fers proprement dits. Leur portion métallique se prête à l'expérience de Widmanstætten et l'on reconnaît souvent alors qu'elle consiste en divers alliages qui *encadrent* les grains pierreux. Ce point est très important, comme on verra plus loin, en ce qui concerne l'origine de ces masses. La nature des grains pierreux est variable suivant les cas, et leur étude est très instructive.

L'une des plus célèbres météorites de ce groupe est celle que l'on appelle le *fer de Pallas*. C'est comme une éponge de fer dont les vacuoles sont remplies de cristaux parfaitement nets du minéral appelé *péridot*. Le fer de Pallas fut trouvé en 1776, par l'illustre naturaliste russe dont il porte le nom, à Krasnojarsk, en Sibérie, où l'avait apporté peu de temps auparavant un Cosaque forgeron qui l'avait découvert sur une haute montagne de l'Iénisséi. Son apparence, absolument différente de celle des roches du pays, avait conduit les habitants à lui attribuer des vertus et une origine surnaturelles. Cet échantillon pesait 700 kilogrammes, et l'on peut voir au Muséum un moulage en carton reproduisant sa forme originelle; mais l'original a été débité en un nombre immense d'échantillons, répartis entre les diverses collections du monde.

Parmi les autres masses faisant partie du même groupe, nous devons en citer deux particulièrement instructives, comme on verra plus loin, relativement à l'origine des météorites.

L'une provient du désert d'Atacama, au Chili. A première vue, elle ressemble beaucoup au fer de Pallas, et sa partie métallique est même identique à celle de celui-ci, mais la portion pierreuse en diffère tout à fait, puisque, au lieu d'être formée par des cristaux de péridot, elle consiste en fragments anguleux d'une roche appelée *dunite*, qui se compose de péridot granulaire associé à du fer chromé.

La seconde masse vient aussi du Chili, mais de la Cordillère de Déesa, près de Santiago. Elle présente des caractères tout à fait exceptionnels. Sa portion métallique, quoique de même composition que le fer de Caille, ne donne pas par les acides les figures de Widmannstætten; sa portion pierreuse consiste en fragments irréguliers d'une roche noire très dure et de composition très complexe. Le fer de Déesa joue un très

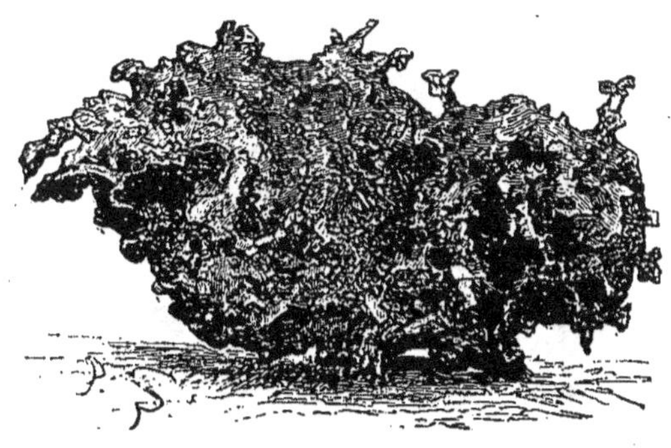

LE FER DE PALLAS.

grand rôle dans ce que nous appellerons la *géologie des météorites*.

Les pierres météoriques les plus nombreuses sont caractérisées par l'existence du fer nickelé en grenailles disséminées au milieu d'une gangue pierreuse.

La proportion relative du fer et de la pierre est extrêmement variable. Parmi les masses dans lesquelles le fer est le plus abondant, il faut citer celles que l'on a recueillies en très grand nombre dans la sierra de Chaco, en Bolivie, et qui, par parenthèse, sont parfaitement identiques à la météorite tombée devant de nombreux témoins, le 4 juillet 1842, à Logrono, près de Baréa, en Espagne. La portion pierreuse consiste en cristaux ou en fragments de péridot et de pyroxène; les grenailles, parfois très volumineuses, ont sensiblement la composition du fer de Caille, et donnent comme lui, par les acides, de très belles figures de Widmannstætten. Les grenailles métalliques et les grains pierreux sont d'ailleurs cimentés par un très fin réseau métallique.

Mais en général les pierres météoriques ne renferment le fer qu'en grenailles très petites. Leurs types sont beaucoup trop nombreux pour que nous songions à les mentionner tous; il suffira de citer les principaux.

Certaines de ces météorites se distinguent tout de suite

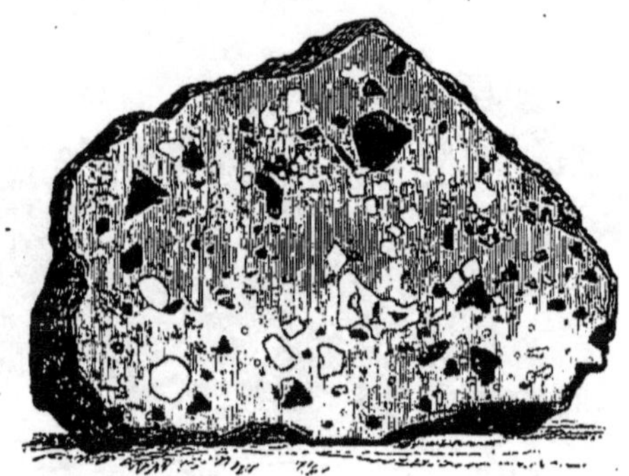

MÉTÉORITE DE LA SIERRA DE CHACO.

par leur couleur noire. En tête se place la masse tombée le 9 juin 1867, à Tadjéra, près de Sétif, en Algérie, et dont la trajectoire était, comme nous l'avons dit, tellement inclinée, qu'en arrivant l'épave céleste creusa sur le sol un sillon de plus d'un kilomètre de longueur. Cette roche est pour nous très intéressante, à cause des actions géologiques que son étude nous révèlera.

On peut faire la même remarque à l'égard de la météorite tombée le 24 mars 1857 à Stavropol, sur le versant sud du Caucase. Elle ne diffère de la précédente que par sa structure oolithique, c'est-à-dire composée de petites boules juxtaposées.

Une pierre tombée le 24 mars 1857 à Renazzo, en Italie, est noire aussi et globulaire; mais sa nature minéralogique est toute différente, ainsi que son aspect qui est vitreux et rappelle un peu les obsidiennes des volcans.

Il y a des météorites qui, sans être noires, sont cependant de couleur foncée. Du nombre sont la pierre tombée le 11 juillet 1868, à Ornans, dans le Doubs, complètement oolithique, et si friable, qu'elle tache les doigts; et les pierres tombées à Lancé, près Authon (Loir-et-Cher), le 24 juillet 1872.

Les couleurs sombres sous forme de marbrures se retrouvent dans certaines météorites dont le type est fourni par celle de Chantonnay, en Vendée (5 août 1812). Ces pierres marbrées ont un très grand intérêt au point de vue géologique, leur composition est sensiblement celle des pierres d'un gris clair dont il nous reste à parler.

Celles-ci sont si fréquentes, qu'on les avait réunies sous le nom, aujourd'hui abandonné, de *pierres du type commun*. En les examinant de près, on voit cependant qu'elles sont loin d'être identiques entre elles. Au point de vue de la structure, on peut les ranger en trois catégories.

D'abord voici les très nombreuses météorites dont celles d'Aumale, Algérie (25 août 1855), et de Lucé, Sarthe (13 septembre 1768), forment les types. Celles-ci sont uniformément compactes : les premières à la façon de certains calcaires, les autres comme nos trachytes.

D'ailleurs, pour la composition, elles s'écartent également de ces deux roches, étant formées surtout de silicates magnésiens.

Une deuxième catégorie comprend les pierres grises dont la structure est oolithique. Le type qui appartient à la chute de Montréjeau (Haute-Garonne), 9 décembre 1858, s'est représenté à maintes reprises. La composition est analogue à celle des roches précédentes.

Enfin un dernier groupe est formé de masses sur lesquelles nous reviendrons longuement et qui sont bréchoïdes, c'est-à-dire composées de fragments ressoudés les uns avec les autres, Nous pouvons citer les pierres de Saint-Mesmin, Aube (mai 1866), de Canellas, Espagne (14 mai 1861), de Parnallée, Indes anglaises (28 février 1857), mais sans en rien dire de plus pour le moment.

A la suite de ces diverses météorites, il faut citer celles où le fer est si peu abondant qu'on n'en décèle la présence qu'au moyen d'expériences spéciales.

Parmi celles-ci, nous mentionnerons une dernière pierre peu riche en fer et tout à fait exceptionnelle comme nous l'avons déjà dit par la croûte presque blanche qui l'enveloppe. C'est la pierre dont on a observé la chute, le 25 mars 1843, à Bishopville, aux États-Unis. A l'intérieur elle est d'une blancheur de lait et consiste en une variété particulière de pyroxène.

Les pierres météoriques dépourvues de grenailles métalliques diffèrent complètement de toutes les masses qui précèdent et offrent avec les roches terrestres beaucoup de ressemblance.

Elles sont remarquables avant tout par l'éclat de la croûte qui les enveloppe. Cette croûte doit son brillant à l'extrême fusibilité dont jouissaient au moment de leur entrée dans l'atmosphère les substances qui l'ont formée. Dans certains cas la matière de la croûte a ruisselé pendant le passage des pierres dans l'air, et a produit des bourrelets qui permettent de se représenter la position du projectile à son arrivée sur la Terre.

Au point de vue minéralogique, plusieurs de ces météorites se présentent comme identiques à certaines laves terrestres, par exemple à celles du volcan de Thjorzà, en Islande. Parmi les météorites de cette sorte, deux sont françaises : l'une est tombée en 1819 à Jonzac, dans la Charente, et l'autre à Juvinas, dans l'Ardèche, en 1821.

La pierre tombée à Igast, en Livonie, le 17 mai 1855, est tout à fait exceptionnelle. N'était la présence d'un peu de fer nickelé, cette météorite serait absolument pareille à certaines roches caractéristiques de nos volcans terrestres. Sa structure scoriacée et sa composition minéralogique, qui consiste

LA MÉTÉORITE DE JUVINAS.

dans le mélange du feldspath orthose avec le quartz ou cristal de roche, en font une véritable pierre ponce.

Nous reviendrons plus loin sur cette pierre, dont l'étude est très instructive.

La météorite de Chassigny, Haute-Marne (15 janvier 1815), est à rapprocher des précédentes; elle reproduit également une roche terrestre, la dunite, déjà citée, et qui nous occupera plus loin. Cette météorite, dont la croûte est terne, comme celle des pierres ordinaires, est formée par l'association du péridot avec le fer chromé.

Certaines météorites privées de fer sont colorées en noir par une forte proportion de charbon libre, et, à cause de cela, on les désigne très souvent sous le nom de météorites charbonneuses. Elles renferment en outre des composés hydrocarbonés, tout à fait comparables à ceux de la chimie organique, et à ce titre elles sembleraient pouvoir intéresser les physiologistes non moins que les minéralogistes et les chimistes. En effet, la question est de savoir si ces composés ont pu se former sans l'entremise de la vie; en cas de réponse négative, une preuve matérielle serait acquise que la vie exerce son empire en dehors de notre globe. Cette question est encore pendante et demande de nouveaux efforts. Cependant toutes les probabilités sont pour que les météorites charbonneuses soient analogues, quant à l'origine, aux substances bitumineuses vomies par les volcans et par les salzes en l'absence de toute action physiologique.

LA MÉTÉORITE D'ORGUEIL.

Les météorites charbonneuses sont très peu fréquentes. Jusqu'ici on n'en a constaté la chute que quatre fois, savoir : le 15 mars 1806 à Alais, dans le département du Gard; le 13 octobre 1838 à Cold Bokkeweld, au Cap de Bonne-Espérance; le 15 avril 1857 à Kaba, en Hongrie; et enfin le 14 mai 1863, à Orgueil, Tarn-et-Garonne.

Cette dernière, la mieux étudiée, est représentée au Muséum par de très nombreux échantillons (le plus volumineux, dont la forme est représentée ici, pèse environ 2 kilogrammes). C'est une roche uniformément noire, très friable et rappelant, pour l'aspect, certaines terres végétales ou certains lignites terreux.

Chaque échantillon est complètement enveloppé d'une croûte vitrifiée qui n'a pas un aspect uniforme sur les différentes faces de la pierre. En une partie de son étendue, cette croûte est excessivement mince, unie et souvent irisée, tandis qu'en une autre partie elle est notablement plus épaisse, rugueuse et comme chagrinée. L'écorce épaisse se détache sur l'écorce mince par une sorte de rebord ou de bourrelet ; elle est nécessairement postérieure à celle sur laquelle elle s'est étendue.

Une propriété très remarquable des pierres charbonneuses est de se désagréger complétement sous l'influence de l'eau, pour reprendre d'ailleurs leur cohésion par la dessiccation.

Il résulte de là que si le bolide d'Orgueil, par exemple, au lieu d'arriver par un ciel serein, avait traversé une atmosphère chargée d'humidité, il eût pu fournir de la poussière au lieu de pierres, et peut-être même de la boue, si l'humidité eût été suffisante.

Ce cas s'est nécessairement réalisé dans une foule de circonstances, et ainsi s'expliquent les chutes de poussière observées fréquemment à la suite de l'explosion des bolides et sans doute aussi les chutes de matières pâteuses ou visqueuses, rapportées par les anciens auteurs sans qu'on en ait cependant d'exemple bien étudié.

On n'a pas jusqu'ici constaté d'une manière positive la chute de liquides consécutive à l'explosion de bolides et il en est de même de l'arrivée possible de gaz. Mais beaucoup de météorites pierreuses, étudiées au microscope, montrent de petites vacuoles contenant les unes des gaz et les autres des liquides d'origine évidemment extra-terrestre comme les masses qui les contiennent.

DEUXIÈME PARTIE

COMMENT S'EST FAIT LE SYSTÈME SOLAIRE

CHAPITRE PREMIER

THÉORIE DE LAPLACE

Les quelques détails qui précèdent sur les corps qui gravitent avec nous autour du Soleil peuvent être résumés de façon à nous fournir une idée très simple de la famille astronomique dont la Terre fait partie.

Si nous supposons que nous nous éloignons du Soleil, centre incandescent du système, nous trouvons d'abord la série des planètes dites inférieures (Mercure, Vénus, la Terre et Mars), construites exactement sur le même modèle, l'observation y montrant autour d'un globe solide (partie continentale) une couche liquide (partie maritime) et une enveloppe aériforme (partie atmosphérique).

En faïsant abstraction, pour y revenir tout à l'heure, des planètes télescopiques qui sont également solides, nous trouvons ensuite les *planètes supérieures*, et tout d'abord Jupiter et Saturne, qui se comportent à l'observation spectroscopique comme des corps essentiellement liquides.

Enfin, arrivent les deux dernières planètes de notre système, Uranus et Neptune, qui, encore faiblement lumineuses par elles-mêmes, se présentent à l'analyse prismatique comme des masses gazeuses.

Or on est immédiatement frappé de l'analogie de cette succession régulière avec la succession de couches offerte par la coupe géologique théorique du globe terrestre considéré à part. Et c'est ce que font ressortir les deux coupes théoriques ci-jointes.

Dans cette comparaison, le Soleil répond au noyau encore à l'état d'ignition que renferme notre planète, Neptune et Uranus répondent à son atmosphère, Saturne et Jupiter à la masse liquide de nos océans; et le reste, c'est-à-dire les astéroïdes, Mars, la Terre, Vénus et Mercure, aux roches solides proprement dites.

Cette analogie imprévue pourra au premier abord paraître fortuite. Mais il sera facile de montrer qu'elle a sa source dans la nature même des choses, le mode de formation du système solaire tout entier ayant été au fond exactement le même que le mode de formation de la Terre.

1. LES TRANSFORMATIONS DES NÉBULEUSES

Il faut, pour assister à la formation d'un système solaire, imaginer, à l'exemple du grand géomètre Laplace, qu'une région de l'espace suffisamment éloignée de tous les autres soleils soit remplie d'une substance d'une ténuité infinie dont les particules, animées de vitesses inégales, pourraient se disperser à la longue si leurs attractions mutuelles ne les tenaient agglomérées. Sous l'influence de ces attractions, la matière cosmique se ramasse dans un espace de plus en plus petit, et à mesure qu'elle se condense, une partie du mouvement qui l'anime se convertit en chaleur: la masse entière s'échauffe donc et même assez pour devenir faiblement lumineuse. La condensation continuant toujours, devient prépondérante au centre de la nébuleuse. En même temps il se produit au sein de la masse des tourbillonnements que l'on peut assimiler à de véritables trombes intestines. Peu à peu tous ces mouvements giratoires se coordonnent et la nébuleuse tourbillonne sur elle-même avec un ensemble qui peut amener la masse entière à prendre un mouvement de rotation comparable à celui d'une toupie qui dort.

Maintenant, examinons plus spécialement la nébuleuse d'où est sorti le système solaire. Au moment où nous la considérons, elle est incandescente; sa forme est celle d'une sphère aplatie; son mouvement de rotation est autour de son plus court diamètre.

A chaque instant, elle émet au dehors sa chaleur; à chaque instant aussi elle se contracte en obéissant aux forces intérieures qui la sollicitent. Cet incessant retrait produit un double effet. D'une part, le mouvement de rotation s'accélère; de l'autre, la nébuleuse s'aplatit de plus en plus.

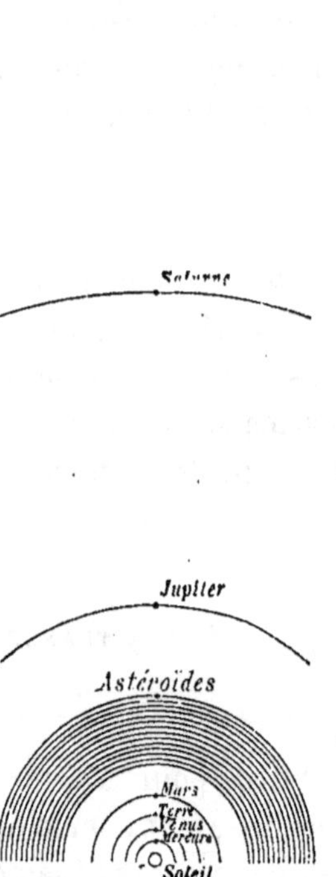

COUPE THÉORIQUE DU SYSTÈME SOLAIRE.

Nous l'avions assimilée à une sphère; il devient plus exacte de la comparer à une lentille de dimension démesurée. Le retrait continuant, et la vitesse augmentant, une rupture se détermine circulairement tout le long de l'équateur, d'où se détache un vaste anneau de vapeurs ardentes qui peu à peu se renfle, se ramasse, se pelotonne. Cette pelote qui décrit une orbite embrassant la nébuleuse sera la planète Neptune.

La nébuleuse poursuit son retrait; la rotation s'accélère encore ; un nouvel anneau se détache qui se rompt comme le premier et en s'agglomérant donne le rudiment de la planète Uranus.

De nouveaux retraits, de nouveaux accroissements de vi-

COUPE THÉORIQUE DE L'ÉCORCE TERRESTRE.

tesse, de nouveaux anneaux, de nouvelles ruptures, donnent successivement Saturne, Jupiter, l'astre d'où dérivent probablement, comme nous le dirons, les planètes télescopiques, puis Mars, puis la Terre, puis Vénus, enfin Mercure. Il ne reste plus qu'une masse sphérique qui constitue notre Soleil.

2. L'EXPÉRIENCE DE PLATEAU

Telle est brièvement résumée la théorie de Laplace, à laquelle, contre toute attente, un physicien belge, M. Plateau, a su procurer la confirmation de l'expérience. Voici comment :

On prépare un mélange d'eau et d'alcool ayant rigoureu-

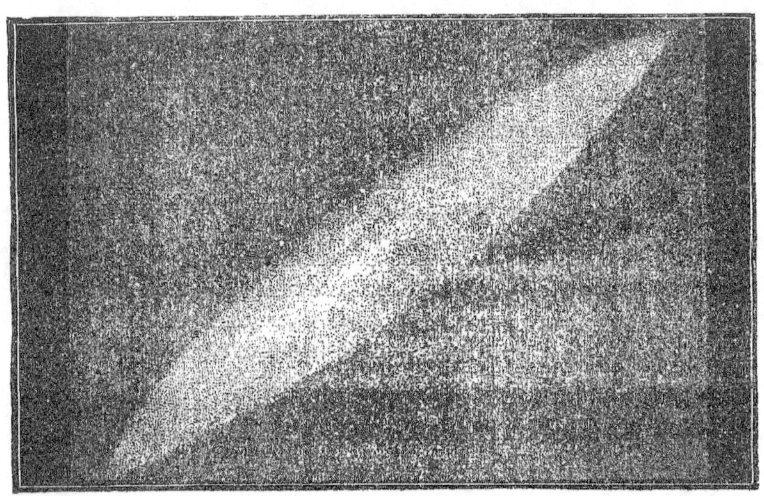

LA NÉBULEUSE MÈRE DU SYSTÈME SOLAIRE.

sement la densité de l'huile d'olive, dont on introduit une grosse goutte au milieu du mélange où elle prend la forme d'une sphère parfaite.

Cette sphère est immobile, mais si on fait passer par son centre un axe vertical doué d'un mouvement de rotation, elle en prendra peu à peu le mouvement et s'aplatira progressivement vers les pôles. La force centrifuge augmentera si l'on augmente la vitesse, et on verra la région équatoriale se renfler de plus en plus : à un certain moment un anneau se séparera qui continuera de tourner autour de la planète centrale, comme on l'observe pour Saturne.

En s'accélérant l'anneau s'agrandira et bientôt se brisera ; sa matière se réunira en un petit sphéroïde, et cette planète

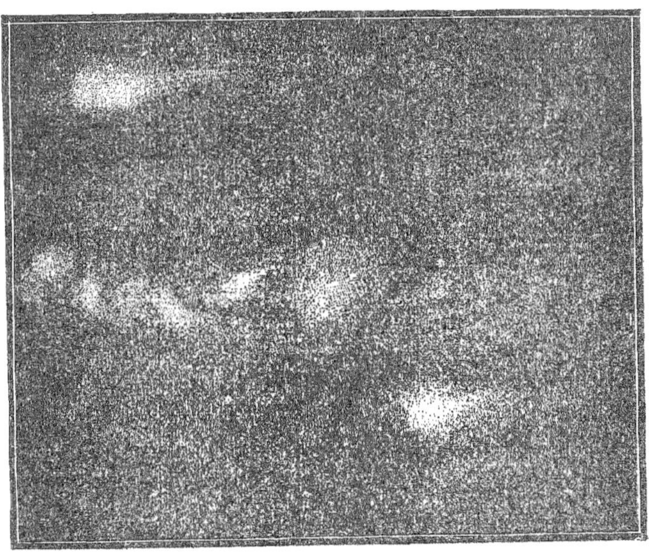

SÉPARATION SUCCESSIVE DES PLANÈTES DE LA NÉBULEUSE MÈRE DU SYSTÈME SOLAIRE.

microscopique se mettra à graviter autour de la miniature de soleil d'où elle est sortie.

Cette belle expérience nous met donc en présence de véritables systèmes planétaires artificiels. Toutefois elle laisse de côté une particularité très importante de la nébuleuse. C'est que cette nébuleuse n'est pas homogène. Des vapeurs de densités diverses y sont mélangées qui subissent peu à peu un véritable triage : il en résulte que les planètes les plus extérieures sont formées des particules les plus légères ; elles sont comme les témoins des couches les plus rares ; et que les planètes les plus intérieures sont produites aux dépens de couches de plus en plus lourdes : elles sont les témoins de ces couches.

Cette remarque s'applique non moins rigoureusement à la série des phénomènes dont chaque planète, une fois séparée de la masse générale, devient le théâtre. Ces phénomènes, en effet, sont tout à fait les mêmes que ceux qui viennent d'être décrits, et la formation des satellites, ou planètes de planètes, prouve que la comparaison est exacte.

De plus, la séparation de couches distinctes de densités diverses, évidente dans la nébuleuse originelle, perceptible dans le résidu actuel de cette nébuleuse, c'est-à-dire dans le Soleil, donne lieu dans les planètes (au moins dans les planètes inférieures) à la superposition de l'atmosphère, de l'océan et de l'enveloppe solide.

On voit donc bien que l'analogie de structure du système solaire et d'une planète convenablement choisie telle que la Terre, n'est pas un effet du hasard : elle tient à l'essence même des choses, et c'est pour cela qu'elle jette du jour sur l'origine des mondes.

2. LES DERNIERS PROGRÈS DE LA THÉORIE

Il est vrai qu'on a fait à la théorie de Laplace plusieurs objections ; mais il ne semble pas qu'elles doivent conduire à autre chose qu'à de légères modifications de détail.

Laplace croyait que le sens de rotation des planètes et de

leurs satellites est le même pour tous, et la supposition des anneaux se détachant successivement de la nébuleuse primitive au fur et à mesure de sa contraction semble rendre cette condition tout à fait nécessaire. Or on sait maintenant que cette uniformité n'existe pas, les satellites d'Uranus et ceux de Neptune étant animés de mouvements rétrogades. Il faudrait aussi dans la théorie de Laplace que les satellites exécutassent leur révolution en plus de temps que la planète qu'ils accompagnent n'en met à tourner sur elle-même; or les satellites nouvellement découverts de Mars n'obéissent pas à cette prétendue loi.

C'est pour répondre à ces objections que M. Faye a publié récemment les résultats de recherches dont il n'est pas possible de donner ici plus que l'esprit général. Le savant astronome montre comment des considérations très simples permettent de rendre compte de ces deux zones concentriques du système solaire dont la plus externe est caractérisée par des rotations rétrogrades, tandis que l'autre ne présente que des rotations directes. Pour cela il part simplement de ce fait, difficile à réfuter, que dans la nébuleuse originelle la densité allait en croissant de la périphérie vers le centre. On a la preuve directe de cette condition réalisée dans une foule de nébuleuses. Or, ceci posé, le calcul montre que la pesanteur dans une masse ainsi constituée, croit d'abord à partir de la surface en raison inverse d'une puissance de la distance au centre. Mais cette progression atteint bientôt un maximum, après lequel la pesanteur est proportionnelle seulement à la même distance, de telle sorte qu'au centre même elle est nulle. Si l'on admet dans une nébuleuse ainsi bâtie la séparation des anneaux planétaires, on voit que ceux provenant de la région externe seront tels que la vitesse de la circonférence la plus grande sera moins considérable que la vitesse de leur autre circonférence; donc s'ils se réduisent en un globe tournant sur lui-même, ce globe se mouvra dans le sens rétrograde. Au contraire, pour des anneaux formés par la seconde région, les vitesses relatives seront inverses et la rotation du globe produit sera nécessairement directe. La particularité fondamentale du système solaire serait donc ainsi expliquée.

CHAPITRE II

ANALOGIES MUTUELLES DES ASTRES DU SYSTÈME SOLAIRE

Les confirmations fournies par l'astronomie physique et par la géologie comparée à la déduction tirée des seuls faits astronomiques par le génie de Laplace relativement à l'unité d'origine de tous les membres du système solaire, ces confirmations sont si éclatantes, que la théorie cosmogonique qui vient d'être exposée pourrait être présentée aujourd'hui comme une simple conclusion de faits d'observation.

On en aura la preuve par les paragraphes suivants.

1. L'UNITÉ DE COMPOSITION CHIMIQUE

Comme nous l'avons déjà dit, le spectroscope a conduit à reconnaître dans le Soleil, dans les étoiles, dans les comètes et même dans certaines planètes, la présence du fer, de l'hydrogène, du magnésium, du chrome, du potassium, du sodium, toutes substances existant sur la Terre.

Il est vrai que ces recherches n'ont montré ni le zinc, ni l'argent, ni l'antimoine, ni le cuivre, ni l'aluminium, ni le cobalt; mais le fait peut tenir ou à ce que ces corps n'existent qu'en très faible proportion, ou à ce que la méthode, si merveilleuse qu'elle soit, n'est pas assez parfaite pour ne rien laisser échapper. Nicklès a, par exemple, signalé un cas dans lequel le spectroscope est tout à fait en défaut. Mais rien ne laisse soupçonner dans les astres qui ont été étudiés une constitution véritablement différente de celle de notre globe.

On peut donc dire qu'entre les membres du système solaire existe une unité complète de constitution chimique.

2. L'UNITÉ DES PHÉNOMÈNES GÉOLOGIQUES

Mais l'unité ne s'en tient pas là, et dès maintenant on a pu reconnaître au double point de vue géologique et météorologique une conformité qui n'est pas moins parfaite.

C'est ce qu'il nous sera aisé de démontrer.

Le phénomène éruptif se retrouve partout dans le système solaire; et c'est certainement sur le Soleil lui-même qu'il a le plus de développement.

Autour de cet astre se voient constamment, comme nous l'avons déjà dit, des sortes de flammes roses appelées *protubérances*, qui ne sont autre chose que des colonnes gazeuses violemment poussées dans son atmosphère. On observe dans ces protubérances l'injection de vapeurs très lourdes, comme celles du fer et du magnésium, qui viennent nécessairement de la profondeur de l'astre et prouvent que le phénomène tient à une cause générale.

Sans doute les phénomènes éruptifs s'exercent dans les planètes, puisque nous y observons des montagnes. On sait, en effet, que l'axe des montagnes terrestres est ordinairement formé par des roches poussées de la profondeur par suite de pincements de l'écorce, dirigés perpendiculairement à la longueur de la chaîne. A la Lune aussi cette remarque peut tout particulièrement s'appliquer. Les chaînes de montagnes y sont extrêmement nombreuses. On retrouve également hors de la Terre des phénomènes de soulèvement proprement dits sur Mars, Vénus, Mercure, qui montrent au télescope des chaînes de montagnes toutes pareilles aux nôtres et dues évidemment à l'exercice des mêmes actions. C'est au point qu'on a cru retrouver parmi les chaînes de Mars et parmi celles de la Lune certains caractères de symétrie qui, d'après l'un de nos géologues les plus illustres, Élie de Beaumont, dominent à la surface de la Terre la distribution générale des montagnes.

Les météorites présentent souvent des caractères conduisant à reconnaître que, dans leur gisement primitif, se produisaient des phénomènes de soulèvement analogues à ceux qui sur la Terre sont liés d'une manière si intime à la formation des chaînes de montagnes.

Ces signes sont des *failles*.

On appelle ainsi, en géologie, d'immenses fêlures qui débitent, pour ainsi dire, toute l'écorce terrestre en une série de fragments juxtaposés à la manière des pierres d'une voûte.

MONTAGNES A LA SURFACE DE MERCURE.

En général, on reconnaît les failles aux *dénivellations* qu'elles ont déterminées, ou, en d'autres termes, à ce fait que les couches du sol, qui originellement étaient en continuité, ne se répondent plus de part et d'autre de la faille et qu'elles ont même subi des *rejets* considérables.

Or certaines météorites sont coupées par des surfaces offrant la trace manifeste de frictions énergiques, et *polies* comme les *miroirs* des failles terrestres. De plus il arrive que, de pareilles surfaces se recoupant, il en est parmi elles qui sont *rejetées* par d'autres. Leur signification ne saurait alors être douteuse : ce sont de vraies failles témoignant de l'exercice

PRISMES DE BASALTE CONTOURNÉ, EN TRANSYLVANIE.

d'actions mécaniques pareilles à celles qui accompagnent les soulèvements et les abaissements de l'écorce terrestre.

Les failles sont spécialement abondantes et bien caractérisées dans les météorites des types d'Aumale et de Lucé.

Il y a des météorites éruptives, c'est-à-dire des météorites qui ont conservé des traces non douteuses de phénomènes éruptifs.

Les roches terrestres éruptives sont celles qui, poussées des profondeurs, alors qu'elles étaient à l'état pâteux ou fluide, se sont fait jour au travers des failles pour constituer les dykes, sortes de murs souterrains souvent très étendus en longueur. Nos lecteurs ont sous les yeux un pareil dyke photographié d'après nature en Transylvanie.

Un des accidents les plus caractéristiques de ces dykes consiste dans les brèches spéciales dont ils sont parfois formés, brèches résultant de fragments de la roche encaissante cimentés par la matière même du dyke. Ainsi, pour reprendre un exemple déjà cité, dans les filons ou dykes de basalte de l'Irlande, on trouve par places de véritables brèches formées de fragments de craie agglutinés par le basalte. De plus, cette craie, ayant subi l'action métamorphisante du basalte, est passée, comme on l'a dit, à l'état de marbre blanc.

Il est des météorites qui reproduisent toutes ces circonstances. L'exemple le plus net est celui du fer bréchoïde découvert dans la cordillère de Deesa, au Chili.

On se rappelle qu'il consiste en une pâte de fer dans laquelle sont disséminés des fragments irréguliers d'une roche noire. Le fer a rigoureusement la composition de celui de Caille, mais il n'en a pas la structure, puisqu'il ne donne pas par les acides les figures de Widmannstætten. Or le fer de Caille ne les donne pas davantage quand il a été fondu, puis abandonné à un refroidissement même fort lent. D'un autre côté, la pierre du fer bréchoïde de Deesa est de tous points comparable à la roche météorique de Tadjéra, qui, comme on le verra, n'est rien autre chose que la pierre d'Aumale chauffée à une température analogue à celle où le fer se ramollit.

Le fer de Deesa est donc une véritable *brèche de filon éruptif.*

Des considérations du même genre, étayées de comparaisons avec la roche terrestre appelée serpentine, dont nous

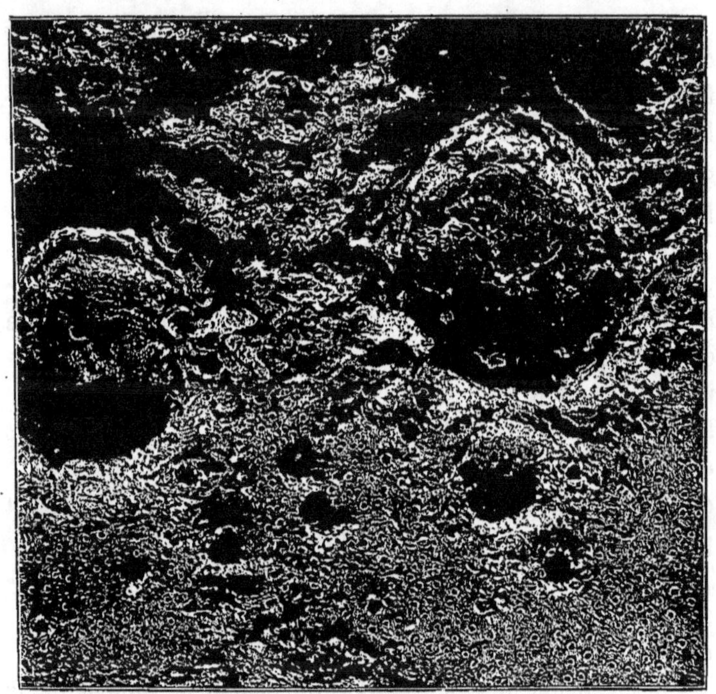

CRATÈRES VOLCANIQUES A LA SURFACE DE LA LUNE.

parlerons tout à l'heure, conduisent de même à reconnaître dans la roche météoritique grise marbrée de noir de Chantonnay un échantillon de filon pierreux.

Pour les phénomènes volcaniques on rencontre la même analogie entre divers astres. On sait sur quelle échelle énorme ces phénomènes sont développés à la surface de la Lune, dont le côté visible nous offre au moins cinquante mille cratères. Ces cratères présentent les plus grandes ressemblances avec les cratères terrestres.

M. Secchi a pu comparer la montagne lunaire de Kopernik aux cratères volcaniques des Champs Phlégréens aux environs de Pouzzolles. Henri Lecoq, professeur à la Faculté des

CHAMPS PHLÉGRÉENS

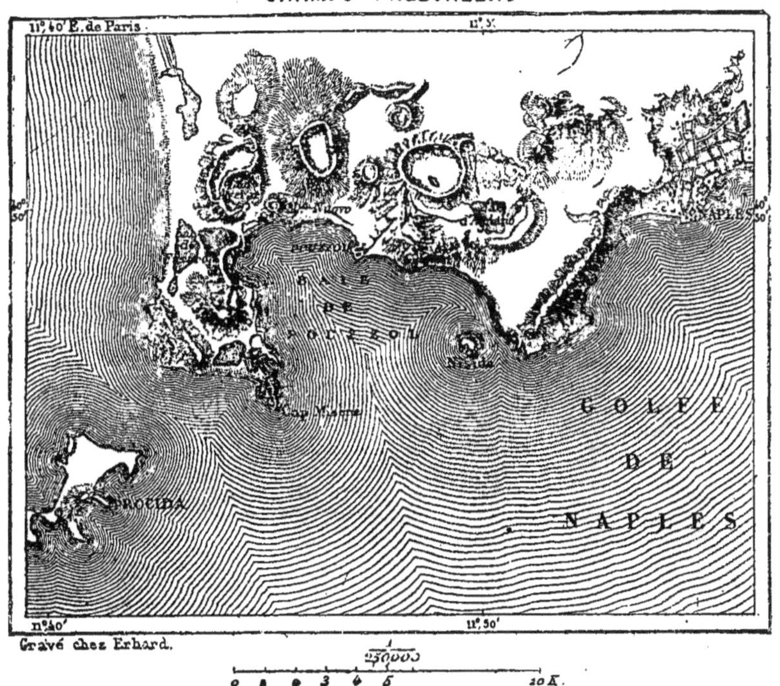

CARTE DES ENVIRONS DE POUZZOLES, ANALOGUES AUX RÉGIONS A CRATÈRES DE LA LUNE.

sciences de Clermont-Ferrand, y voyait l'analogue des montagnes trachytiques du Puy de Dôme. Certains cirques granitiques de l'Auvergne rivalisent par leurs dimensions avec les petits cratères de la Lune : tel est le cirque du Cantal, qui a dix kilomètres.

Les cratères de Cyrille et de Catharina sur la Lune sont

LE VOLCAN DE L'ILE TAWAL

accouplés comme ceux de Jumes et de Coquille, en Auvergne.

Les cirques et les pitons de la Guadeloupe, l'Etna, les volcans de la Bolivie, ceux de l'Islande, de Santorin, des Canaries, etc., affectent également une foule de traits de ressemblance avec divers accidents du sol lunaire; et nous prenons ces faits presque au hasard entre une foule d'exemples semblables.

On trouve parmi les météorites des roches dont le faciès est volcanique, et qui doivent sans doute leur formation à des phénomènes pareils à ceux qui produisent sur la Terre les laves et les scories.

Nous avons mentionné des météorites, telles que celles de Juvinas (Ardèche), de Jonzac (Charente), de Stannern (Moravie), etc., qui sont identiques aux laves de certains volcans d'Islande.

Citons aussi la pierre tombée à Igast, en Livonie, en 1855, qui reproduit dans tous les détails, ainsi que le montrent les études de M. le professeur Grewinck (de Dorpat), certaines pierres ponces quartzifères de nos volcans.

Le *métamorphisme*, un phénomène capital, comme on l'a vu au début de ce livre de la géologie terrestre, a été retrouvé chez les météorites.

Dans divers pays, dans le nord de l'Irlande par exemple, il existe des filons de roches éruptives, des basaltes qui ont traversé à l'état de fusion des couches de craie; or, au voisinage de ces filons, la craie a été métamorphisée, elle est devenue du marbre blanc comparable à celui que les sculpteurs mettent en œuvre, et c'est ce changement qu'on exprime en disant que la craie a subi le métamorphisme.

Eh bien, de même, diverses météorites ont subi le métamorphisme.

Les masses de ce genre appartiennent avant l'action métamorphique à la catégorie des météorites primitives.

Les météorites primitives sont les roches météoritiques qui ne témoignent d'aucun phénomène autre que ceux nécessaires à la constitution de toute roche. Elles forment l'équivalent de nos roches cristallines et de nos roches sédimentaires, où l'on ne retrouve que les effets purs et simples, soit du refroidissement d'une matière préalablement chaude, soit du dépôt de substances préalablement tenues en suspension.

Le plus grand nombre des météorites appartient à cette première catégorie, mais il est possible que le progrès des études conduise à la restreindre successivement en amenant la découverte d'actions géologiques dont les signes seraient restés inaperçus jusqu'ici.

Nous citerons parmi les météorites normales, mais sans nous y arrêter de nouveau, les masses décrites plus haut sous les noms de fer de Caille et de pierres d'Aumale, de Lucé, d'Ornans, etc.

L'un des plus beaux exemples de météorites métamorphiques est fourni par la pierre complètement noire tombée en 1867 à Tadjéra, près de Sétif, en Algérie, car il est facile de s'assurer qu'elle n'est pas autre chose que la forme métamorphique des météorites grises, si communes, dont le type nous est offert par la masse tombée aussi en Algérie, aux environs d'Aumale, en 1865.

Il suffit en effet de chauffer la pierre d'Aumale pendant un quart d'heure à la température rouge, pour constater après refroidissement qu'elle a pris tous les caractères de la pierre de Sétif, au point que l'on ne saurait plus l'en distinguer.

C'est exactement ainsi que la craie d'Irlande chauffée dans certaines conditions s'est, dans les appareils de James Hall, transformée en marbre statuaire.

L'expérience précédente, recommencée avec la roche grise et globulaire de Montréjeau, a donné un résultat du même genre. Cette roche s'est transformée à s'y méprendre dans la météorite globulaire aussi, mais toute noire, tombée sur le versant sud du Caucase, à Stavropol, en 1857 ; il en résulte que cette dernière doit, comme la pierre de Sétif, se ranger parmi les météorites métamorphiques.

Mais ce n'est pas tout. A côté de ces produits d'une transformation complète, se placent des masses qui résultent d'un métamorphisme partiel.

Ainsi, la météorite de Chantonnay, grise, mais traversée de larges marbrures noires, est, à n'en pas douter, le produit du métamorphisme incomplet de la pierre d'Aumale, et comme un degré entre celle-ci et la pierre de Tadjéra.

Ainsi de même, la masse de Belaja-Zerkva, grise, mais remplie de globules noirs, est indiscutablement le produit du métamorphisme incomplet de la pierre de Montréjeau, et marque comme une étape entre celle-ci et la pierre de Stavropol.

Nous ne sommes aussi affirmatif que parce que des expériences directes nous ont permis de reproduire lés deux météorites de Chantonnay et de Belaja-Zerkva, en chauffant des pierres d'Aumale et de Montréjeau, mais en ne les chauffant pas assez pour les amener à l'état de météorites de Sétif et de Stavropol.

Parmi les phénomènes qui jouent un grand rôle dans l'histoire de la Terre, il faut citer à part ceux qu'on appelle *clastiques* et qui ont donné naissance aux roches dites *brèches* et *poudingues*, parce quelles sont formées de la réunion de fragments collés ensemble. Comme exemple de poudingues nous signalerons les hautes montagnes qui dominent le couvent de Montserrat en Catalogne, et les roches où l'on exploite le diamant au Cap de Bonne-Espérance. Ces phénomènes paraissent se retrouver dans la Lune, et cela conduit à attribuer à notre satellite un régime géologique fort analogue au nôtre. En effet la formation de brèches exige le concours d'actions très variées : d'abord le dépôt

MONTAGNE DE POUDINGUES QUI DOMINE LE COUVENT DE MONT-SERRAT EN CATALOGNE.

normal de certaines roches; puis leur concassement sous l'effet de pressions énergiques; en troisième lieu le transport ou charriage à une distance plus ou moins grande des fragments ainsi produits; enfin la cimentation de ces fragments sous forme de brèches ou de poudingues.

Or, suivant la remarque de Lecoq, diverses roches lunaires ont tout à fait l'aspect et la situation relative, dans les coulées volcaniques de nos laves, des trass ou conglomérats trachytiques. Tout porte à croire qu'elles ont une structure analogue et par conséquent que ce sont des brèches.

Les phénomènes clastiques peuvent être retrouvés chez les météorites, où ils ont exigé, comme sur la Terre, et conformément à ce que nous avons dit plus haut, le concours d'actions très variées.

On peut même dire que chez les météorites les brèches sont très abondantes. Souvent elles sont composées de fragments très variés.

C'est ainsi que la météorite de Parnallée, dans l'Inde, contient des débris appartenant à sept types parfaitement distincts de roches extraterrestres. D'autres, comme les pierres de Soko Banja, de Saint-Mesmin et de Canellas, ou comme le fer de Deesa, ne contiennent, à l'état de mélange, que deux roches différentes; mais ils n'en sont pas moins intéressants pour cela, et l'on verra tout à l'heure de quelle importance est l'étude des brèches dans la démonstration de ce grand fait que les météorites de types divers ont été quelque part en relations stratigraphiques mutuelles, ou, en d'autres termes, qu'elles dérivent d'un même gisement originel.

Des actions pareilles à celles qui ont produit nos filons métallifères sont l'origine de certaines météorites.

On sait que dans les filons les minerais se présentent comme des dépôts de sources circulant dans les failles. Si ces failles,

UNE MINE DE DIAMANTS AU CAP

comme cela se voit souvent, renferment des fragments pierreux, les fragments sont enveloppés de couches successives de minerais filoniens, et c'est ainsi que se sont faits, par exemple, les *cocardes* des filons de minerais de plomb exploités dans le Harz.

Or diverses météorites, le fer du désert d'Atacama par exemple, sont absolument semblables, sauf, bien entendu, pour la composition chimique, à ces cocardes du Harz. Les fragments de dunite que ce fer contient sont enveloppés de diverses couches successives d'alliages différents, exactement comme les fragments schisteux du filon terrestre sont enveloppés de couches superposées de quartz laiteux et de galène.

L'action filonienne se retrouve dans d'autres météorites et, par exemple, dans celle de la Sierra de Chaco, qu'on peut rapprocher à divers égards des grès à ciment de cuivre natif de Coro-Coro, en Bolivie.

3. L'UNITÉ DES PHÉNOMÈNES MÉTÉOROLOGIQUES

On retrouve à des degrés divers, dans plusieurs astres, la grande circulation atmosphérique qui donne naissance aux vents alizés. Il en est de même de la circulation générale de l'eau dans le bassin des océans.

Par exemple, Jupiter offre à l'observation des nuages disposés en bandes régulières qui indiquent évidemment des alizés. Parfois on y voit des remous circulaires comparables à nos ouragans. Un astronome anglais, M. Browning, a publié, il y a quelques années, une intéressante étude à cet égard. Pendant les mois d'octobre et de novembre, la planète offrait un spectacle d'une beauté singulière et presque sans autre exemple. Les bandes, plus nombreuses que d'ordinaire, présentaient une plus grande variété de couleurs que jamais. La bande équatoriale, qui depuis des années était la partie la plus brillante de la planète, fut dépassée en éclat par les bandes du nord et du sud. D'habitude rien ne faisait tache sur le fond lumineux de cette bande; à de fréquentes reprises, on y vit cependant l'apparence de nuages accumulés. Elle était généralement incolore, brillant d'un gris d'argent ou d'un gris perlé; elle devint d'un jaune profond, ressemblant beaucoup à la couleur de l'or déposé par la pile.

Les pôles étaient bleus, et les bandes qui en sont le plus rapprochées présentaient une teinte foncée de la même couleur. Les bandes voisines étaient d'un blanc perlé, et leur éclat l'emportait sur celui de toute autre partie de l'astre. Les bandes sombres étaient d'un rouge de cuivre et elles étaient séparées par la ceinture équatoriale d'un jaune d'or.

Ces changements, bientôt remplacés par d'autres, coïncident avec la présence dans l'atmosphère de Jupiter de vapeurs inconnues dans la nôtre; ils conduisent à faire admettre que la plus grosse des planètes de notre système n'a pas encore perdu la faculté de luire quelque peu par elle-même. On a vu d'ailleurs précédemment que Neptune et Uranus ont une lumière propre.

On trouve sur Mars une météorologie identique de tous points à la météorologie terrestre et, par exemple, des tourbillons bien contournés en spirale comme nos bourrasques.

On peut même s'étonner de ce que, dans une planète tellement plus éloignée que nous du Soleil, il puisse exister une si complète ressemblance sous le rapport des conditions climatiques. Mais on sait qu'une très faible augmentation dans la quantité de certaines vapeurs présentes dans notre atmosphère suffirait pour rendre le climat de la Terre intolérable à cause de l'excès de chaleur, exactement comme fait une lame de verre qui retient dans l'espace qu'elle ferme la radiation solaire. Il en résulte qu'on doit croire que sur Mars un arrangement convenable compense la distance plus grande de cette planète au centre vivifiant de notre système.

Dans tous les cas, on observe à sa surface, comme sur la Terre, la succession des saisons; ainsi on voit vers les pôles apparaître, croître, puis disparaître, deux taches blanchâtres dont l'éclat est plus que double de celui des autres parties de l'astre. La tache nord diminue d'amplitude pendant le printemps et l'été de l'hémisphère auquel elle appartient; elle augmente pendant les saisons suivantes. Le contraire a lieu au pôle sud, et on en a conclu légitimement qu'il se forme successivement autour des pôles de Mars des calottes étendues d'une matière semblable aux neiges qui se précipitent de notre atmosphère et dont la quantité est réglée par la température. « Herschel, dit Arago dans son *Astronomie populaire*, étudia les deux taches neigeuses avec un soin infini. Le centre d'aucune de ces deux taches ne lui parut exactement placé aux pôles de rotation. La déviation semblait néanmoins plus grande pour la tache boréale que pour celle du pôle sud. Les changements observés dans les grandeurs absolues s'accordèrent à merveille avec l'idée que ces taches sont des amas de glaces et de neiges. Si en 1781, par exemple, la tache parut extrêmement étendue, ce fut après un long hiver de cet hémisphère, ce fut après une période de douze mois pendant laquelle le pôle correspondant avait été entièrement privé de la vue du Soleil. Si, au contraire, en 1783, la même tache se montra très petite, c'était à une époque où, depuis plus de huit mois, le Soleil dardait ses rayons d'une manière continue sur le pôle sud de Mars. La tache boréale offrit aussi des variations de grandeur absolues étroitement liées avec la position du Soleil relativement à l'équateur de la planète. »

Vénus montre des nuages irrégulièrement entraînés par des courants atmosphériques; on a cru aussi y reconnaître des aurores polaires.

Le Soleil présente également une météorologie comparable à la nôtre. Des cyclones proprement dits, que M. Faye a étudiés avec beaucoup de soin, se montrent à sa surface. L'analogie est telle, que M. Sonrel cherchait dans le Soleil des enseignements relatifs à la météorologie terrestre.

« Les savants qui étudient les mouvements généraux de l'atmosphère se plaignent, disait-il, de ne pas avoir sous les yeux les cartes synoptiques journalières au moins d'un hémisphère. Les astres sont là pour nous donner quelques vues d'ensemble, et la variété des conditions dans lesquelles ils se trouvent est bien faite pour nous renseigner utilement sur les points encore obscurs de la circulation aérienne. »

CHAPITRE III

LIAISONS MUTUELLES DES ASTRES DU SYSTÈME SOLAIRE

1. LES ÉCHANGES DE RADIATIONS

L'unité entre les astres du système solaire se resserre encore quand on constate des uns aux autres un échange ininterrompu de radiations qui est pour ces grands êtres quelque chose d'analogue à ce qu'on observe dans les relations des êtres vivants.

Nous savons, pour ce qui concerne la Terre, que les radiations solaires y ont une telle importance, que les phénomènes géologiques superficiels et les phénomènes biologiques leur doivent leur origine.

Suivant la remarque de M. Helmholtz, « toute force à laquelle nous devons notre vie et nos mouvements nous vient uniquement du Soleil ».

Les aliments dont nous nous nourrissons, le combustible qui fait marcher nos machines sont, au propre, le produit de la condensation des rayons solaires et par conséquent de l'emmagasinage de la chaleur du Soleil. De telle façon que si la radiation solaire venait à être supprimée, la vie organique cesserait. Les vents réguliers et les courants océaniques, ayant leur origine dans l'échauffement produit par le Soleil, s'arrêteraient également. La circulation superficielle de l'eau que nous voyons alternativement à l'état de vapeurs, de nuages, de pluie, de ruisseaux, de rivières et d'océan, n'existerait pas davantage. Enfin le mouvement de cette même eau dans l'épaisseur de la croûte terrestre, mouvement sans lequel les phénomènes volcaniques ne sauraient se produire, prendrait fin, puisque l'eau serait définitivement congelée.

Il est hors de doute que la radiation solaire agit sur les autres planètes d'une manière analogue, et nous avons la preuve qu'elle ne se borne pas à la lumière et à la chaleur qui en sont les éléments les plus sensibles : l'électricité et le magnétisme sont dans son étroite dépendance.

La Terre éprouve aussi les influences très manifestes d'autres corps célestes, tels que la lumière zodiacale, les étoiles filantes et la Lune.

Les deux premiers ont sur la température de l'année une action que des études spéciales ont fait ressortir; la Lune agit d'une manière plus complexe, en déterminant concurremment avec le Soleil des marées dans l'atmosphère et dans l'océan.

Elle donne naissance, en outre, d'après quelques savants, à de véritables marées souterraines. M. Alexis Perrey, professeur à la Faculté des sciences de Dijon, a cru trouver dans les tremblements de terre une périodicité en rapport avec les phases du mouvement de notre satellite.

2. LES APPORTS DE MATIÈRE

La masse du globe terrestre est constamment augmentée de matériaux, météorites et étoiles filantes, qui lui arrivent de l'espace céleste. D'après les recherches les plus récentes, les étoiles filantes sont des corps identiques aux comètes, constitués par des gaz extrêmement raréfiés. La composition de ces gaz n'est pas complètement connue, mais il n'est pas vraisemblable, d'après leurs spectres, qu'ils soient les mêmes que ceux qui composent normalement notre atmosphère, dont la constitution doit par conséquent être modifiée par ce tribut incessant, à moins que la matière légère ainsi acquise par la planète ne reste dans les régions supérieures de l'air.

Les météorites nous apportent des matériaux plus facilement visibles.

Tombées sur le sol, elles s'y désagrègent et s'y altèrent avec plus ou moins de rapidité, suivant leur nature. Elles peuvent alors fournir aux plantes croissant sur le lieu de la chute une certaine quantité d'éléments assimilables, qui parcourent dès lors le cycle varié des transformations de la vie organique.

Reinchenbach n'hésitait pas à voir dans les étoiles filantes et dans les météorites l'origine du phosphore et de la magnésie que renferment les sols arables. Étant monté sur le Lahisberg, en Autriche, il ramassa, en un endroit que probablement le pied de l'homme n'avait jamais foulé, quelques poignées de terre qu'il soumit à l'analyse.

Elles contenaient des traces de cobalt et de nickel, métaux éminemment météoritiques, ainsi qu'on l'a vu tout à l'heure.

Beaucoup plus récemment, M. Nordenskiold, le savant suédois que l'Europe a fêté récemment avec tant d'enthousiasme, a fait des remarques analogues sur des poussières que la neige fournit par sa fusion. Des poussières de ce genre recueillies en Suède et en Finlande se composaient de matière charbonneuse alliée à des grenailles de fer métallique et par conséquent présentaient la composition de substances météoritiques. Des observations analogues faites plus récemment ont complété la ressemblance par la découverte du nickel.

De même, Ehrenberg a signalé la nature météoritique de certaine poussière tombée il y a une trentaine d'années sur le navire américain *Josiah-Bates* naviguant dans les eaux indiennes au sud de Java. Les grains de cette pluie singulière offraient l'aspect d'une matière primitivement liquide, solidifiée pendant sa chute et avant d'avoir atteint la surface de la Terre. La plupart sont creux et comparables à des montgolfières. Cependant l'analyse chimique n'y découvre que du fer oxydé. Il est impossible de ne pas être frappé de la surprenante analogie de ces particules avec les résidus de la combustion d'un fil d'acier brûlant au milieu d'un flacon rempli de gaz oxygène. Ces corps irréguliers ont pu résulter du passage dans les hautes régions de l'atmosphère d'un bloc de fer météoritique qui s'y sera en partie consumé.

Le phénomène est d'ailleurs fort ancien, car nous avons retrouvé des globules semblables à ceux du briquet dans la substance même de roches qui datent des premiers temps de l'histoire des terrains stratifiés. Ce sont véritablement des *météorites fossiles.*

3. L'ORIGINE POSSIBLE DE LA MÉTALLURGIE DE FER

Le fer natif travaillé et employé par les Esquimaux, fourni avant tout par les masses subordonnées au basalte dont nous parlerons bientôt, est peut-être en partie d'origine météoritique. En tous cas il est établi que les anciens ont fait un grand usage de fers tombés du ciel. Ces faits conduisent à supposer que la chute des fers a pu avoir une grande influence sur la découverte de la métallurgie.

Tout d'abord, et comme curiosité linguistique, on peut noter, d'après M. Piazzi Smith, que dans la langue copte, ainsi que dans la langue sahidique actuelle, le fer s'appelle *bénipe*, qui veut dire littéralement *pierre des cieux, pierre du firmament, pierre firmamentale.* On conviendra que le rapprochement est bien surprenant s'il est fortuit.

Des armes forgées avec la matière céleste s'étant oxydées, on aura pu être frappé de l'identité du produit de cette altération avec certaines roches terrestres, qui sont précisément les minerais de fer : de là à chercher le fer dans ceux-ci, il n'y avait plus qu'un pas.

Ce qui ne veut pas dire toutefois que l'art métallurgique n'ait pu, selon la variété des lieux et des temps, avoir aussi des origines toutes différentes de celle-là.

4. UNE IDÉE DE L'ORIGINE DE LA CHALEUR SOLAIRE

Le docteur Mayer (de Heilbronn) a été conduit à se demander si des météorites ne pourraient pas tomber sur le So-

UN VILLAGE D'ESQUIMAUX.

leil, et il a cherché ce que cet apport devrait être, pour compenser la diminution de force vive résultant de la radiation solaire et par conséquent pour entretenir cette radiation.

Le point de départ de ces calculs peut se trouver dans des faits observés en Angleterre. M. Hodginson et M. Carrington, ayant vu au même instant une lumière excessivement vive se développer en un point du Soleil très voisin d'une tache, attribuèrent ce phénomène à la chute d'une météorite et à la chaleur qui devait en être la conséquence.

Toutefois, et malgré les perfectionnements apportés à cette théorie par M. Thompson, on y a généralement renoncé. Les principales objections qu'elle a rencontrées ont pour auteur M. Faye, qui a montré l'incompatibilité de ces effluves matériels avec les délicates particularités de la surface solaire.

Aussi, aujourd'hui, est-on bien plus disposé à chercher l'entretien de la chaleur du Soleil dans la cause même de sa formation, c'est-à-dire dans sa concentration vers son centre.

La théorie cosmogonique de Laplace a pour conséquence nécessaire que les divers membres du système solaire n'ont pas actuellement le même degré de développement. Or l'observation confirme ce fait de la manière la plus complète.

TROISIÈME PARTIE

LES AGES DES PLANÈTES

Le Soleil, résidu de la nébuleuse mère, remet sous nos yeux l'état originel ou initial des corps planétaires.

En prenant la Terre comme type de la planète en plein développement, nous voyons que certains astres, tels que les planètes supérieures, semblent n'avoir pu fournir les étapes de l'évolution normale, et qu'ils sont encore, malgré la date reculée de leur séparation, dans des états qui rappellent certaines phases antérieures de notre globe. D'autres corps célestes, au contraire, la Lune tout au moins, paraissent avoir dépassé la phase que nous traversons aujourd'hui, et être arrivés à une période de décrépitude. Les petites planètes avec leurs formes fragmentaires se présentent assez bien comme résultant de la décomposition d'une antique planète désagrégée, etc.

De là cette division des membres du système solaire en :

Astres normaux,

Astres embryonnaires,

Astres frappés d'arrêt de développement,

Astres morts,

Astres brisés,

Astres disparus.

On va voir que l'histoire de chacun d'eux, faite au point de vue où nous sommes placés, offre un sérieux intérêt, et que ces diverses monographies de types planétaires se répartissent en trois groupes dont les caractères tiennent à l'une de ces trois grandes causes :

1° Le rayonnement et la perte de la chaleur d'origine;

2° L'absorption des enveloppes fluides par le noyau solide;

3° La rupture spontanée de ce même noyau.

CHAPITRE PREMIER

LES EFFETS DU RAYONNEMENT ET DE LA PERTE DE LA CHALEUR D'ORIGINE

1. FORMATION DES ROCHES PRIMITIVES

On peut qualifier d'*astres embryonnaires* ceux qui, plus jeunes que la Terre, traversent en ce moment une des phases primitives du développement de celle-ci. Tel est le Soleil, qui est d'ailleurs dans notre système le seul astre embryonnaire que nous puissions citer.

Il présente pour nous cette particularité extrêmement intéressante de traverser précisément la phase critique où l'état solide se constitue pour la première fois sur un corps céleste, et son étude, par les conséquences qu'elle fournit quant à l'histoire de notre propre globe, doit nous arrêter un moment.

Répétons que notre astre central, résidu de la nébuleuse initiale, doit être considéré comme une énorme bulle gazeuse de composition très complexe, et dont l'état d'agitation incessante est révélé à notre vue par la formation de protubérances.

Plongé dans l'immensité glacée du milieu stellaire, il s'y trouve soumis sans relâche à un refroidissement, sensible surtout à la périphérie, et que des effluves chauds, venus des profondeurs, tendent constamment, mais infructueusement, à contrebalancer. C'est ainsi qu'il arrive un moment où la température de la portion la plus externe s'est assez abaissée pour que les phénomènes de dissociations initiales ne s'y produisent plus : les éléments chimiques, jusque-là maintenus séparés, se groupent entre eux, et donnent naissance à des composés définis.

Un nouveau progrès du refroidissement permet à ces composés de se concréter en une sorte de poussière dont la formation est signalée, grâce à son pouvoir rayonnant, par

UNE TACHE SOLAIRE.

une exaltation de l'éclat solaire. Les courants centrifuges existent néanmoins toujours, et c'est à l'action échauffante exercée par eux au point de leur émergence que doit être rattachée l'apparition des taches et des protubérances qui en sont l'annexe obligée.

Nous sommes parfaitement renseignés, par ce qu'on a vu plus haut, quant à la composition de la matière photosphérique et de la matière protubérantielle du Soleil, et nous savons que le magnésium, le fer, l'hydrogène, la vapeur d'eau s'y trouvent en abondance. Mais, au point de vue physique, on peut se demander si la poussière solaire est liquide ou solide, et l'on sait que le spectroscope est à cet égard impuissant à nous fournir une réponse.

Heureusement, et quoique la chose puisse paraître bien imprévue, les météorites fournissent à cet égard un éclaircissement complet.

Les météorites provenant des régions les plus variées d'un astre construit originairement sur le même plan général que la Terre, leur série complète comprend des masses dont la consolidation se rapporte à toutes les phases de l'évolution planétaire.

Donc, parmi ces roches, il s'en trouve nécessairement qui présentent cette particularité de dater précisément de l'époque à laquelle le Soleil est actuellement parvenu, et où l'état gazeux initial cesse de persister.

Or nous pouvons reconnaître à deux caractères les roches dont il s'agit :

D'abord à leur nature magnésienne qui, conformément aux remarques développées par M. A. Cornu, donneraient à leur vapeur le même caractère spectral qu'aux gaz protubérantiels.

En second lieu, à l'absence dans leur masse de toute trace de phénomènes géologiques secondaires, tels que concassement, charriage, éruption, épigénie ou métamorphisme.

Le type de ces météorites, vraiment dignes de la qualification de *primitives*, est fourni par les roches que nous avons décrites précédemment sous les noms de *lucéite* et d'*aumalite*.

L'examen de ces roches, empreint par ces remarques même d'un genre tout nouveau d'intérêt, permet de reconnaître, d'après les détails de leur structure, si elles dérivent de masses fondues solidifiées plus ou moins lentement, ou, au contraire, de substances amenées brusquement de l'état gazeux à la forme solide.

Sans entrer dans le détail d'une foule d'observations concordantes, nous dirons seulement ici qu'on est en possession de la preuve, désormais inattaquable, que les météorites dont il s'agit n'ont jamais passé par l'état de fusion.

On en est d'autant plus sûr que des expériences très simples nous ont permis de les imiter dans tous leurs détails, en disposant les choses de telle façon qu'on opérait rigoureusement sur une reproduction artificielle de la photosphère du Soleil, renfermée dans un tube de porcelaine convenablement chauffé.

Ce résultat, qui éclaire à la fois l'histoire des météorites et celle des astres embryonnaires dont le Soleil est le type, aura aussi des conséquences pour notre Terre elle-même.

2. LA FORMATION DE LA CROUTE TERRESTRE

Si le Soleil en est encore à la période qui vient de nous occuper, tout un groupe d'autres astres est parvenu à un degré plus avancé de développement. Il comprend les quatre planètes les plus rapprochées du Soleil : Mercure, Vénus, la Terre et Mars.

Le type en est fourni par la Terre, et c'est nécessairement elle qui va devenir ici l'objet direct de notre étude; mais, sauf des différences d'âge sur lesquelles nous reviendrons, tout ce qui va être dit de cette planète s'appliquera aux autres membres de son groupe.

La Terre, au moment où elle s'est séparée de la nébuleuse mère, était elle-même un globe vaporeux et lumineux. Plongée dans l'espace, relativement très froid, elle se recouvrit peu à peu d'une croûte condensée qui, s'épaississant progressivement, lui fit perdre toute lumière propre.

Cette croûte condensée, qui n'était pas l'épiderme du globe, mais comme une cloison établie entre le noyau interne et les matières incandescentes qui, gazéifiées par une énorme chaleur, constituaient l'atmosphère, fut le point de départ d'une double formation. A l'intérieur, elle s'accrut en épaisseur par la solidification successive des parties sous-jacentes; à

DÉMOLITION D'UNE FALAISE PAR LA MER.

l'extérieur, elle reçut les uns après les autres les produits condensables que renfermait l'océan gazeux.

Soumise à des efforts variés, elle se rompit souvent et la matière fluide interne s'échappa par les fissures, en éruptions plus ou moins importantes, dont les chaînes de montagnes et les volcans actuels nous offrent la représentation.

En même temps que la croûte se consolidait, elle subit extérieurement la double action d'une très forte chaleur et d'une énorme pression, la pression de l'épaisse atmosphère qui la recouvrait. Nous avons déjà eu l'occasion de rechercher quelle est la nature des roches qui datent de cette époque singulière où l'état solide s'est constitué pour la première fois.

Pendant leur formation, l'épaississement ininterrompu de

ROCHER PERCÉ PAR LA MER DANS LA RADE DE NAVARIN.

la paroi qui les séparait du foyer incandescent fit que la température externe s'abaissa progressivement. Il vint un moment où l'atmosphère, débarrassée de ses parties les plus denses, laissa déposer à l'état liquide les eaux qu'elle retenait en vapeur. Ainsi se fit la première mer.

Les bossellements de la surface se continuèrent et les premiers continents apparurent. A peine formés, ils subirent

GRAND GEYSER D'ISLANDE.

l'attaque des flots, qui, les désagrégeant peu à peu, transportèrent leur matière pulvérisée dans les bas-fonds, où s'accumulèrent ainsi les premiers sédiments.

Sans cesse ce mécanisme fonctionne ; les fonds de mer se soulèvent et deviennent des continents ; les continents s'affaissent et deviennent des fonds de mer ; et le dépôt de nouvelles couches stratifiées, la désagrégation partielle d'anciennes formations suivent leur cours, toujours déplacé et toujours ininterrompu.

A première vue, on peut se demander si les divers phénomènes dont nous venons de donner une rapide énumération ont eu une existence réelle, ou si plutôt ils n'expriment pas une supposition gratuite et privée d'appui. A cet égard nous pouvons pleinement rassurer le lecteur. Grâce à une méthode d'investigation des plus sûres et qui est connue sous le nom de *méthode des causes actuelles*, on parvient à jeter la lumière sur les chapitres les plus obscurs de la géologie.

Ainsi, la manière dont les couches du globe se sont édifiées peut, dans certains cas, être saisie, grâce au dépôt actuel du limon, des sables, des galets qui donnent lieu à des couches semblables, et les observations de ce genre sont d'autant plus précieuses que notre situation à la surface des continents les rend aussi difficiles que possible. On sait en effet que c'est au fond des eaux, c'est-à-dire dans les régions dont l'accès nous est interdit, que ces couches contemporaines se construisent.

Les observations ont donc été très malaisées, elles sont très loin d'être complètes, et cependant elles ont fourni dès maintenant beaucoup de résultats certains. Les variations, souvent brusques dans la forme et dans la structure des couches, ont été expliquées par la même méthode, et il en a été de même de l'état d'agglutination de roches d'une dureté parfois considérable qui, à première vue, semble être l'apanage des formations anciennes, mais qui se produit avec les mêmes

GRAND GEYSER DE YELLOWSTONE.

caractères dans les dépôts les plus récents. Ceci a montré que toutes les roches sont le siège de mouvements moléculaires qui peuvent non seulement en modifier l'adhérence et la structure, mais même en renouveler la substance, de façon que telle couche peut ne plus renfermer un seul des atomes qui la constituaient au moment de son dépôt. Il y aurait lieu d'insister sur des faits de ce genre qui offrent, par exemple, à l'occasion de la distribution du calcaire, des applications capitales. On en tire aussi la notion de quelques-unes des causes auxquelles sont dues les contrastes chimiques parfois si brusques d'assises en contact, contrastes qui peuvent résulter aussi soit des triages réalisés par les eaux remaniant leur limon complexe, soit de l'arrivée de sources telle que les geysers, enrichies, dans les profondeurs, de substances minérales.

La considération des causes actuelles s'applique d'une manière tout aussi utile à l'étude des démolitions que l'on peut observer de toutes parts. Pendant longtemps cependant on leur a refusé toute efficacité à cet égard, et il a fallu, pour répondre aux objections mises en avant, faire le calcul de l'énergie de démolition dont sont douées les vagues de l'Océan, et bien plus encore (contrairement à l'apparence première) les pluies et les eaux météoriques en général. C'est en effet par milliards de mètres cubes que se traduit la quantité annuelle de particules solides arrachées par certains fleuves à la surface des continents. Aucun exemple de l'action démolissante des pluies n'est plus net que celui des colonnes de limon durci qu'on voit à Ritton, et qui, avec une hauteur de 6 à 30 mètres, sont ordinairement coiffées d'une pierre unique. C'est la pluie et la pluie seule qui les a séparées de la terrasse dont elles faisaient autrefois partie et rien n'est plus facile que d'apprécier la quantité de matière terreuse ainsi entraînée par le météore aqueux.

Une des conséquences de ces importantes remarques est relative à la lenteur de beaucoup de phénomènes géologiques

LES ÉROSIONS PRODUITES PAR LA PLUIE.

auxquels tout d'abord on serait tenté d'attribuer un développement pour ainsi dire instantané. Tel est le creusement des vallées qu'il devient de plus en plus difficile de rapporter au passage subit de violents torrents d'eau et qu'on arrive à considérer comme le résultat de l'érosion du sol par les actions très lentes auxquelles nous assistons actuellement. Cette érosion est surtout sensible dans les montagnes dont l'état d'usure et la hauteur peuvent, dans bien des cas, faire estimer l'âge relatif.

C'est aux actions dont il s'agit, continuées suffisamment longtemps, qu'il faut attribuer des éboulements de montagnes tels qu'on en a vu dans les Alpes, à la Réunion et ailleurs. A cette occasion il est intéressant de mettre sous les yeux du lecteur une coupe de l'éboulement de Roquefort dans les fissures duquel circulent les courants d'air auxquels sont dues les conditions favorables à la fabrication des fromages.

L'eau solide, c'est-à-dire la glace, est de même un agent puissant de dénudation ; il suffit d'une excursion d'un instant sur un glacier pour être frappé de la quantité énorme de matériaux pierreux charriés par la glace.

On retrouve l'origine de ces blocs charriés dans les corrosions des roches qui supportent le glacier. Ces roches sont polies, striées et cannelées. Les fiords du Groenland sont le produit de rabotages de ce genre.

A toutes ces causes est due aussi l'existence des rochers isolés si fréquents dans tous les pays accidentés et dont on a sous les yeux un exemple emprunté au bord du lac de Tanganika.

D'ailleurs toutes les dénudations ont pour résultat final de simples déplacements de matériaux solides, qui, arrachés à un sommet, vont combler un bas-fond. Dans un fleuve par exemple, les troubles charriés s'arrêtent çà et là et édifient des bancs de sable et des îles; les rivages, corrodés de plus en plus, accentuent les méandres, et les divagations de la

USURE DE ROCHES PAR UN TORRENT.

rivière réalisent de proche en proche le remaniement de tout le sol de la vallée dans laquelle elle coule. A l'embouchure des cours d'eau, des deltas s'établissent et croissent plus ou moins vite. Enfin, dans le sein des océans, les matériaux solides sont disposés, soit en couches sur le fond du bassin, soit le long des rivages en cordons littoraux dont le rôle est considérable.

A côté des dénudations purement mécaniques se placent de véritables démolitions chimiques qui ont joué à toutes les époques un rôle rendu sensible par les produits très reconnaissables qu'elles ont fournis. L'altération superficielle des roches sous l'influence de l'eau et de l'acide carbonique atmosphérique montre comment les argiles se forment souvent aux dépens des masses feldspathiques. Dans les profondeurs souterraines, une action du même genre, aidée par la pression et la chaleur, donne lieu à la formation du kaolin, dont les alluvions verticales décèlent l'origine d'une manière si nette.

Enfin, c'est aussi en relation avec les régions profondes que se montrent des faits de nature à élucider, au moyen des *causes actuelles*, l'histoire des roches éruptives ou, plus généralement, celle des masses cristallines et des divers mouvements de la croûte terrestre.

3. L'APPARITION DE LA VIE

On voit comment nous arrivons à reconstituer par l'observation du présent les périodes passées de l'histoire de la Terre. Peu à peu les eaux de la mer, qui étaient bouillantes au début, sont devenues tièdes, et l'air, maintenant transparent, laisse arriver dans ses profondeurs la lumière du Soleil.

Un phénomène nouveau se déclare : l'apparition de la vie organique.

L'AIGUILLE VERTE, EXEMPLE DE L'USURE DES ROCHES PAR LES GLACIERS.

Au fond des mers, des algues élémentaires et des animalcules se montrent d'abord. Des polypiers, des foraminifères, des spongiaires, des coquillages, des crustacés même ne tardent pas à les y joindre et pour la plupart à développer une incroyable activité architecturale. A l'aide de matériaux impalpables extraits de l'onde, de petits êtres gélatineux bâtissent les récifs, les atolls, les archipels, ajoutent d'énormes assises à l'entassement des terrains stratifiés.

En même temps, les portions arides des continents se couvrent d'autres organismes non moins délicats, les lichens qui surmontent les résistances de la roche la plus dure, l'émiettent et qui, confondant leurs propres dépouilles avec ces débris, donnent naissance à une première terre végétale qui permettra l'éclosion d'êtres plus parfaits.

A leur tour, ceux-ci fourniront à la vie le moyen de s'élever encore d'un degré, et ainsi de suite jusqu'à ce qu'elle ait atteint son apogée.

L'étude des causes actuelles, que nous avons vue tout à l'heure si féconde, rend compte également de la présence dans les couches du sol de corps organisés fossiles. De toutes parts, la fossilisation a lieu autour de nous, et il est impossible encore à cet égard de tracer une démarcation entre l'époque présente et les âges antérieurs. Qu'il s'agisse de fossiles isolés ou d'agglomérations de dépouilles, l'identité est complète : nos bancs d'huîtres expliquent les accumulations d'hippurites des Corbières, nos vases à diatomées les tripolis, nos atolls les dépôts de coraux jurassiques, et nos tourbières les couches de houille. Partout, en passant des époques anciennes au présent, le même mécanisme est reconnaissable.

La comparaison établie ainsi entre les anciennes assises et les dépôts contemporains a aussi amené à reconnaître les causes des variations que l'on constate si souvent dans chacun d'eux en en examinant successivement divers points sur un

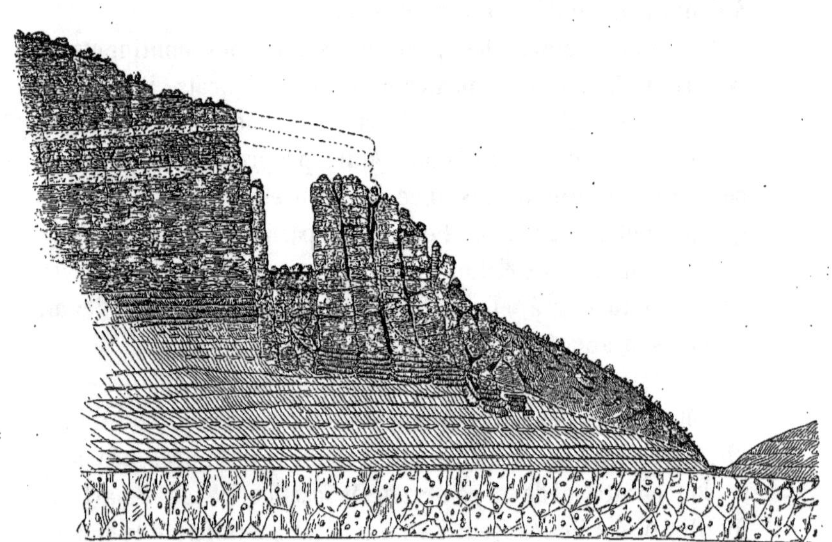

ÉBOULEMENT DE ROQUEFORT (COUPE THÉORIQUE).

même plan horizontal. On distingue de cette façon dans une formation donnée les *faciès* pélagien, thalassique et littoral, par comparaison avec les caractères, divers suivant les points, du dépôt actuel de nos océans.

Dans le sens vertical, l'observation de modifications analogues fait naturellement surgir de nouveaux problèmes dont les principaux concernent les êtres organisés. Par exemple, on voit ceux-ci varier en même temps que la nature même du fond de la mer, d'où l'on peut conclure une influence pleine

UN ATOLL DU PACIFIQUE.

d'enseignement de la nature des milieux sur les caractères des êtres vivants.

C'est donc par une transition insensible que ce sujet évoque celui bien plus vaste encore des disparitions et des apparitions d'espèces.

Ici les causes locales se montrent exceptionnellement actives. A la place des révolutions admises si longtemps et auxquelles correspondrait la destruction de toute la nature animée, qu'une nouvelle création de toutes pièces devrait rétablir sur

BLOCS DE ROCHERS CHARRIÉS PAR UN GLACIER.

de nouveaux frais, à la place de ces révolutions, les progrès de la science ont fait reconnaître un phénomène continu de rénovation, analogue pour les espèces, et à l'échelle près, à celui que présentent en petit les individus.

Déjà de toutes parts l'homme a été témoin d'extinctions d'espèces, et à côté de celles très nombreuses dont il a été la cause déterminante, il en a constaté d'autres résultant du jeu d'agents différents.

Il est bien reconnu maintenant, contrairement aux hypothèses anciennes, que les disparitions d'espèces ne supposent pas des conditions de milieu incompatibles avec la manifestation de la vie, mais résultent au contraire de l'exubérance de développement atteint par certaines d'entre elles. Parmi les faits innombrables que l'on peut invoquer à cet égard, deux doivent surtout être rappelés.

D'abord on reconnaît dans certaines tourbières la présence, au milieu des couches les plus anciennes, d'animaux qui, comme le *Megaceros hibernicus*, n'existent plus à l'état vivant; la persistance de la tourbière, dont la végétation exige des conditions très uniformes, montre que l'extinction s'est faite en dehors de tout cataclysme.

En second lieu, il y a normalement les rapports les plus intimes entre la faune actuelle d'une région donnée et les fossiles les moins anciens qu'on y recueille. Ainsi, les didelphes d'Australie ont été immédiatement précédés par une faune marsupiale maintenant éteinte, mais qui présentait avec eux d'étroites analogies; ainsi les grands édentés du Brésil succèdent de même à des édentés aujourd'hui fossiles tout à fait comparables avec eux, etc.; de telle sorte qu'une idée de filiation des fossiles aux êtres actuels se présente comme d'elle-même à l'esprit.

A l'inverse, on peut constater souvent l'apparition sur certains points d'espèces amenées d'ailleurs, et ces faits d'observation journalière jettent un grand jour sur les études de

FIORDS DU GROENLAND, EXEMPLE D'ÉROSION PAR LES GLACIERS.

la paléontologie. Le phylloxéra, par exemple, a été importé d'Amérique en Europe; le rat, au contraire, a suivi la route inverse; et il ne faut pas croire que l'homme seul ait le pouvoir de réaliser ces déplacements. Des graines de plantes passent d'une région à une autre sous l'action des vents, des courants de la mer, des glaces flottantes, ou bien attachées aux pattes des oiseaux migrateurs ou à la fourrure des mammifères; les œufs de certains animaux aquatiques peuvent s'attacher à des bois flottants et ceux-ci, comme les glaces elles-mêmes, charrient de temps en temps loin de leur patrie des animaux adultes.

Toutefois, en ce qui concerne les apparitions d'espèces jusque-là totalement inconnues, on n'a encore que des résultats bien moins nets qu'au sujet des extinctions. La raison en est dans la difficulté spéciale inhérente à de semblables observations. « La science qui a pour objet l'histoire naturelle est restée si imparfaite jusqu'à nos jours, dit Lyell, que, de mémoire de témoins encore vivants, le nombre des plantes et des animaux connus a doublé et même quadruplé dans plusieurs classes. Des espèces nouvelles, souvent fort remarquables, étant chaque année découvertes dans les parties de l'ancien continent depuis longtemps habitées par les peuples les plus civilisés, nous ne pouvons nous dissimuler à quel point nos connaissances sont bornées, et nous en concluons toujours que les espèces nouvellement découvertes ont pu jusqu'alors échapper à nos recherches ou tout au moins qu'elles existaient ailleurs et qu'elles ont émigré depuis peu dans les lieux où nous les trouvons aujourd'hui. Il est difficile de préciser le temps où il nous sera possible de faire quelque autre hypothèse à l'égard de toutes les tribus marines et de la plupart des espèces terrestres, telles que les oiseaux, les insectes, un grand nombre de plantes, celles surtout de la classe des cryptogames, dont plusieurs sont douées d'une telle facilité de diffusion qu'on pourrait presque les ranger parmi les espèces cosmopolites. »

ROCHERS AU BORD DU TANGANIKA.

Cependant plusieurs faits, rares encore, mais très nets, semblent mettre sur la voie du mécanisme suivi lors de l'apparition d'espèces tout à fait nouvelles. De ce nombre est l'observation d'un petit lézard cantonné sur un rocher voisin de l'île de Capri, et qui dérive manifestement d'un lézard tout différent de cette île. Depuis longtemps on a signalé les variétés du papillon appelé *Heliconius* et celles d'un singe du genre *Cebus*, qui constitueraient de vraies espèces si l'on ne connaissait entre elles d'insensibles intermédiaires.

4. LE RÔLE GÉOLOGIQUE DES ÊTRES VIVANTS

La place que nous avons accordée au paragraphe précédent sera facilement justifiée, car les êtres vivants jouent dans l'économie de notre planète un rôle dont l'importance ne saurait être méconnue.

Ils puisent sans cesse dans le règne minéral leurs éléments nutritifs. Réciproquement, un grand nombre de roches sont formées aux dépens d'êtres organisés, et c'est à bon droit que ces êtres vivants, animaux ou végétaux, ont été qualifiés de *constructeurs de continents*.

Comme presque tous les faits de la géologie, le phénomène de l'édification des roches par les êtres vivants se continue actuellement sous nos yeux.

Regardons un instant ce qui se passe dans la première mare venue : le microscope nous y montre d'innombrables *diatomées*, infusoires placés le plus souvent parmi les *microphytes* (de deux mots grecs qui veulent dire *petite plante*), abondant dans les eaux douces et dans les eaux salées et sur le sol émergé, et enveloppés d'une carapace prismatique, siliceuse, diaphane et fragile résultant de la juxtaposition de deux valves, ou plaques parfaitement ajustées l'une sur l'autre, et laissant entre elles une cavité qui présente toutes sortes de formes : carrée,

ÉBOULEMENT DES BERGES D'UN TORRENT.

triangulaire, cordiforme, en bateau, etc. Ces diatomées se reproduisent non seulement par des spores, comme tous les cryptogames, mais aussi par scission longitudinale de chaque individu, mode de multiplication qui leur a valu le nom qu'elles portent, et qui explique comment elles se propagent d'une manière aussi rapide. On aura une idée de leur nombre et de leur faible volume en se rappelant que certaines diatomées ont à peine un centième de millimètre, de sorte que, dans un millimètre cube, c'est-à-dire dans un espace plus petit qu'une tête d'épingle, il y a un million de leurs carapaces.

Or ces carapaces siliceuses résistent après la mort du microphyte à la décomposition ; elles se déposent les unes après les autres dans le fond de la mare, et arrivent, avec le temps, à constituer des couches de plus en plus épaisses, de vraies formations géologiques.

Les tripolis, roches à grain excessivement fin, quelquefois compactes, plus souvent pulvérulentes, ont pour la plupart une origine organique résultant de l'accumulation d'un nombre prodigieux de carapaces de diatomées, quelquefois marines, mais bien plus fréquemment d'eau douce. A Bilin, en Bohême, la couche de tripoli s'étend sur une large surface et a plus de 4 mètres d'épaisseur. Au microscope, la roche se montre constituée de carapaces de diatomées, et surtout de *Gaillonella distans*, en nombre si considérable que Ehrenberg estime qu'un pouce cube doit contenir 41 milliards d'individus, tous rattachés les uns aux autres sans ciment visible. Aux débris de diatomées se joignent des spicules siliceuses ou supports intérieurs d'éponges d'eau douce. La couche de tripoli est recouverte par une masse ayant l'aspect de la calcédoine, et consistant en diatomées et en spicules renfermées dans un ciment qui résulte de la dissolution de la silice dans l'eau.

Au-dessous de Berlin, à une profondeur de 7 mètres, existe

DELTA DU PARANA.

une nappe de tourbe argileuse, remplie d'infusoires, qui y vivent et s'y propagent, grâce sans doute à l'humidité que la Sprée entretient dans le sol. Ces infusoires se développent jusqu'à une profondeur de 20 mètres; c'est ce qui a fait dire que la ville de Berlin est bâtie sur un sol vivant.

Les vastes marais salants de la Caroline du Sud, de la Georgie et de la Floride abondent en diatomées, dont les coquilles, successivement entassées dans la vase, nous font voir comment se sont formés dans la Virginie et le Maryland des dépôts tertiaires de composition analogue et tout aussi étendus.

Les infusoires, surtout ceux qui appartiennent au règne végétal, forment quelquefois des masses appelées *farines fossiles* ou *terres édules*, parce que certaines populations vivant sous des climats rudes et improductifs les emploient comme aliment. Il existe en Laponie une substance minérale, vulgairement appelée *bergmhel* (farine des montagnes), que les habitants de ce pays, dans les grandes famines, mêlent à leur farine pour en faire du pain. Cette farine des montagnes, que les Lapons regardent comme un « don du grand Esprit », renferme dix-neuf espèces d'infusoires. L'encyclopédie japonaise parle également de la *farine de pierre* que l'on a mangée en Chine dans les temps de disette, en la considérant aussi comme un présent de la divinité. Cet usage de certaines terres comme aliment est répandu chez les populations indigènes de l'Amérique méridionale et centrale, ainsi que dans l'Australie. Il ne doit pas être extrêmement sain, car, dans son voyage à travers l'Amérique du Sud, M. Paul Marcoy, pris, en sa qualité de blanc, pour un médecin par les sauvages, eut à soigner un enfant qui, mangeant de la terre avec gourmandise, s'en était rendu malade jusqu'à la mort.

Les diatomées ont la propriété de s'assimiler non seulement la silice, mais aussi le fer que l'on trouve dans leurs carapaces, même les moins colorées. Le fer dit des marais est parfois pour une part le résultat de l'accumulation d'un nombre prodigieux de carapaces de *Gaillonella ferruginea;* il en est également ainsi pour la matière jaune mucilagineuse qui couvre quelquefois les ruisseaux et les eaux stagnantes. Le *Meridion circulare* forme à lui seul une couche au fond des ruisseaux de West-Point; aux premiers jours du printemps, il constitue une matière muqueuse, ferrugineuse, recouvrant les pierres, les branches, les herbes qui occupent le lit de ces cours d'eau.

Les volcans eux-mêmes sont creusés de cavités plus ou moins vastes où les eaux s'infiltrent, s'accumulent et favorisent le développement des infusoires. Lorsqu'une éruption a lieu, ces infusoires sont projetés dans l'air en quantités considérables, après avoir été en quelque sorte rissolés par l'action du feu volcanique. Certaines cendres rejetées par les volcans, et ensuite transportées par les courants atmosphériques, n'ont pas d'autre origine. L'île de l'Ascension, dépourvue d'arbres et de sources, offre un énorme amas de cendres volcaniques presque entièrement composées de débris organiques; ce sont, pour la plupart, des portions fibreuses de plantes, beaucoup de denticules marginales de graminées mélangées d'infusoires siliceux de forme exclusivement d'eau douce. La provenance des infusoires, et surtout des diatomées qui entrent dans la composition des cendres volcaniques, explique suffisamment pourquoi ces infusoires appartiennent presque toujours à des espèces d'eau douce; la seule exception à ce fait général s'observe dans une localité de la Patagonie. On comprend que les eaux de l'Océan ne puissent pénétrer dans l'intérieur des volcans que lorsque des circonstances exceptionnelles les y conduisent; c'est donc un fait extrêmement rare.

Mais quittons ces végétaux microscopiques pour arriver à ceux qui, d'un ordre plus élevé, donnent naissance à ces masses si utiles à l'industrie sous le nom de tourbe et de charbon de terre.

L'eau est l'agent essentiel du tourbage. En préservant les végétaux du contact de l'air atmosphérique, elle s'oppose à la désorganisation immédiate de leurs tissus. Elle exerce en outre, grâce aux diverses substances qu'elle tient en dissolution, un effet qu'on a comparé au tannage des peaux. La nature de ces substances n'a pas encore été déterminée d'une manière précise; on a cité, parmi elles, l'acide ulmique, le charbon résultant de la transformation lente du bois tombé au fond des marais, les résines et les gommes végétales, la paraffine, les acides tannique, carbonique, etc. Ces substances sont empruntées aux végétaux destinés à se convertir en tourbe; la tourbe est elle-même une substance antiseptique, et l'on peut dire que ce combustible, dans le phénomène du tourbage, est à la fois cause et effet. Aussi les Hollandais ont-ils soin, dit-on, lorsqu'ils exploitent leurs tourbières, de ménager la couche inférieure de tourbe; ils ont remarqué qu'elle se reconstitue alors plus facilement que lorsqu'on a mis à découvert l'argile sur laquelle le combustible repose.

La tourbe est tellement antiseptique que Lyell, dans ses *Principes de Géologie*, raconte la découverte faite en 1747 du corps d'une femme, chaussée de sandales antiques et enfouie par conséquent depuis bien des siècles. Elle était dans un état parfait de conservation; les ongles et les cheveux offraient seuls quelques traces d'altération.

Une température trop élevée est un obstacle à la formation de la tourbe; celle de 6° à 8° est la plus favorable.

D'après d'Archiac, pour que la tourbe se forme il faut que les eaux ne soient pas complètement stagnantes, qu'elles ne charrient pas une grande quantité de limon, qu'elles soient peu sujettes à de grandes crues. Il faut en outre qu'elles soient très peu profondes, que leur mouvement soit très peu rapide et qu'elles coulent sur un fond argileux ou peu perméable.

Quels sont maintenant les végétaux auxquels les tourbières doivent leur formation ? Ce sont d'abord les *Sphaignes*, mousses aquatiques vivaces, à feuilles disposées sur plusieurs rangs, blanches avec une légère teinte roussâtre ou verdâtre. Elles doivent leur rôle important à leur mode de croissance, à leur végétation rapide et à leurs propriétés hygroscopiques. Elles semblent se ployer à toutes les exigences de l'habitat, et se modifier suivant qu'elles plongent dans les eaux profondes, dans les mares vaseuses de la surface, ou qu'elles s'élèvent au-dessus du niveau de l'eau. La seule condition nécessaire à leur existence paraît être une certaine quantité d'humidité absorbée par la couronne ou par la tige du végétal.

Parmi les végétaux qui, avec les sphaignes, concourent à la formation de la tourbe, citons encore quelques autres espèces de mousses, surtout celles dont se compose le genre *Hypnum*, les prêles, les joncs, les carex, quelques roseaux, quelques arbustes, tels que des érica, des andromèdes, le bouleau blanc, le pin sylvestre.

C'est à la suite d'une transformation plus avancée des matières végétales, que les combustibles désignés sous le nom de lignite, de houille, d'anthracite ont pris naissance. La liaison des lignites avec la tourbe est manifeste, car tous les troncs d'arbres enfouis accidentellement dans la tourbe sont invariablement passés à l'état de lignite proprement dit. Toutefois, c'est à une époque géologique antérieure, et bien avant l'établissement d'aucune tourbière, que ce combustible a atteint son plus grand développement, et c'est au point que certaines couches du terrain tertiaire inférieur, développées par exemple dans l'Aisne, dans l'Oise, sont réunies sous le nom commun d'étage des lignites.

Doué encore de sa structure ligneuse, d'une couleur noire intense, d'une compacité qui lui permet d'acquérir le plus parfait poli, le lignite est recherché sous le nom de jayet comme matière d'ornement; au contraire, lorsqu'il est terreux et brunâtre, les peintres en font usage sous le nom de terre d'ombre; mêlé à la fois d'argile et de pyrite, il est activement exploité autour de Laon et de Beauvais comme mine d'alun et porte le nom de cendres noires, etc.

La houille appartient surtout à l'époque très ancienne désignée à si juste titre en géologie sous le nom de période houillère.

De même que la tourbe, la houille s'est formée sur place et non par charriage comme on l'a dit quelquefois, en supposant que le transport des arbres a eu lieu d'une manière lente et continue, ainsi que cela se passe à l'embouchure du Missisipi; car, comment concilier une pareille hypothèse avec la stratification régulière des bancs de houille qui s'étendent sur des surfaces de plusieurs lieues sans varier d'épaisseur? Comment admettre que les courants n'ont pas charrié, en même temps que le bois, du sable et du limon, et comment alors expliquer la pureté de la houille? Comment comprendre que ces courants aient respecté les verticalités des troncs d'arbres analogues à ceux que le lecteur a sous les yeux. N'est-il pas plus simple d'assimiler les houillères aux tourbières actuelles, assimilation d'autant plus complète que le combustible n'a pas été formé dans l'eau de l'Océan, puisque la houille n'appartient certainement pas à une végétation sous-marine, et que, par conséquent, de même que la tourbe, elle n'a pu se former que dans les lacs peu profonds et dans les dépressions maréca-geuses.

L'anthracite est une houille presque dénuée de bitume, et qui se présente comme ayant été naturellement distillée dans les entrailles de la terre; et son gisement a porté divers géologues à supposer que le pétrole ne constitue pas autre chose que ses parties bitumineuses condensées. Pour

TRONCS VERTICAUX DE SIGILLAIRES DANS UNE MINE DE HOUILLE.

rencontrer l'anthracite, il faut, en général, arriver au terrain silurien et au terrain dévonien.

Enfin, mais ceci est extrêmement douteux, quelques-uns attribuent au diamant la même origine qu'à ces divers combustibles; ils auraient trouvé dans ses cendres des traces de structure végétale.

Souvent végétaux et animaux concourent à l'édification de nouvelles roches. Dans les golfes largement ouverts et le long des côtes rectilignes, dit M. Élisée Reclus, la mer procède à la construction de nouveaux rivages par voie d'envasement. Les débris d'algues et d'animalcules, mélangés au sable et à l'argile, sont déposés par couches profondes sur le bord, et font avancer peu à peu le profil des rivages. C'est par centaines de millions et par milliards de mètres cubes que la boue s'est accumulée depuis l'ère historique dans l'ancien golfe du Poitou, dans le golfe de Carentan, situé à la racine de la péninsule du Cotentin, dans les baies de Marquenterre et des Flandres, dans certains estuaires des Pays-Bas et de la Frise. En ces parages, l'eau et la terre se confondent. Toutefois les vases qui émergent à basse mer se tassent et se consolident peu à peu; une espèce de conferve en recouvre la surface d'un léger tapis nuancé de rose; puis viennent les salicornes herbacées qui contribuent à l'exhaussement du sol par leurs branches raides et sortant de la tige à angle droit. A cette première végétation succèdent d'autres plantes marines, les *Carex*, les *Plantago*, les joncs, les trèfles rampants. Alors il est temps de conquérir pour l'agriculture la prairie limoneuse.

Dans les mers dont les eaux ont une température moyenne élevée, les vagues ne se bornent pas à combler les baies, elles bâtissent aussi de véritables remparts de pierre. Par suite de la rapide évaporation que produisent les rayons du Soleil, les molécules calcaires contenues dans l'eau et dans l'embrun des vagues se déposent graduellement le long des plages et sur la base des promontoires. Mélangées avec du sable et des débris de coquillages, elles finissent par former de solides rivages aux contours irréguliers. A Elseneur, on a trouvé de ces pierres qui contenaient d'anciennes pièces de monnaies danoises. Le Musée de Montpellier possède même un canon qu'on a découvert près de la grande bouche du Rhône sous une couche de calcaire cristallisé.

Sur les rivages de l'île de l'Ascension, M. Darwin a trouvé des conglomérats cimentés par le calcaire marin dont le poids spécifique était de 2,63, c'est-à-dire à peine inférieur à celui du marbre de Carrare. Ces couches de pierre compacte renferment une certaine quantité de sulfate de chaux, ainsi que des matières animales, qui sont évidemment le principe colorant de toute la masse. Parfois l'enduit translucide qui couvre les rochers a le poli, la dureté et les reflets des coquillages; d'ailleurs, ainsi que le prouve l'analyse chimique, cette espèce d'émail et les enveloppes des mollusques vivants sont composées des mêmes substances également modifiées par la présence des matières organisées. M. Darwin a vu de ces dépôts calcaires dont la composition et l'aspect nacré semblent devoir être attribués à des excréments d'oiseaux saturés d'eau salée.

C'est dans l'embranchement des zoophytes que nous trouvons les exemples d'êtres organisés intervenant avec le plus d'efficacité dans l'édification de l'écorce terrestre. La rapidité de propagation de ces animaux compense la faiblesse de leur volume. Les rhizopodes et les polypiers se livrent chaque jour à des travaux gigantesques qui modifient constamment l'aspect de notre planète.

Les rhizopodes ou foraminifères sont des animaux de très petite taille, souvent microscopiques et dont le corps est protégé par une enveloppe presque toujours calcaire, rarement siliceuse. Le sable du littoral des mers, dit Alcide d'Orbigny, est tellement rempli de rhizopodes, qu'il s'en montre quelquefois à moitié composé. Plancus en a compté 6 000 dans une once de sable de l'Adriatique, et d'Orbigny en a trouvé jusqu'à 480 000 pour 3 grammes de sable choisi aux Antilles ou 3 840 000 dans une once. Ces proportions, multipliées par un mètre cube, donnent un nombre de chiffres tel, qu'on a de la peine à le saisir; mais que sera-ce pour peu qu'on l'étende à l'immensité de la surface des côtes maritimes du globe? Les restes de rhizopodes forment, en grande partie, des bancs qui gênent la navigation, obstruent les golfes et les détroits, comblent les ports (comme celui d'Alexandrie) et forment avec les coraux ces îles qui surgissent tous les jours au sein des régions chaudes du Grand Océan. Les rhizopodes entrent pour beaucoup dans la composition de couches entières : à l'époque carbonifère, une seule espèce du genre *Fusulina* a formé, en Russie, des bancs énormes de calcaires. Le terrain crétacé en montre une immense quantité dans la craie blanche, depuis la Champagne jusqu'en Angleterre. Les bassins tertiaires de la Gironde, de l'Autriche, de l'Italie et surtout de Paris renferment un nombre prodigieux de rhizopodes. On peut dire que la capitale de la France est presque bâtie avec eux. Le mont Perdu est en majeure partie composé d'assises pétries de nummulites, et c'est avec une roche de cette nature que la plus grande des pyramides a été construite.

Il n'est personne qui n'ait entendu parler des polypes du corail, ces « faiseurs de monde », comme les appelle Michelet, et qui n'ait admiré leurs constructions si précieuses et si puissantes à la fois. Au nombre de plusieurs centaines d'espèces, ils appartiennent presque tous à la famille des zoanthaires. Ils ne construisent d'îles que dans les mers chaudes : 19° centigrades au moins leur sont nécessaires, et c'est dans une zone équatoriale d'environ 50° de largeur que, par l'élaboration des substances calcaires contenues en dissolution dans les eaux, ils font surgir les terres.

Les zoanthaires coralligènes multiplient par des œufs et par

FORMES DIVERSES DE RHIZOPODES.

bourgeonnement, quelques-uns sont mêmes fissipares. La sécrétion calcaire qui donne origine à leur squelette pierreux, forme en même temps une masse qui sert de support commun à tous les individus d'un même groupe et les soude entre eux d'une manière plus ou moins complète. L'ensemble des individus soudés constitue ce qu'on appelle un polypier agrégé.

Les polypiers sont arborescents ou massifs; ce sont ces derniers qui concourent principalement à la production des récifs de coraux.

Les récifs de coraux peuvent se présenter sous trois formes: les *récifs côtiers*, toujours peu étendus et en contact avec le littoral; les *récifs barrières*, accompagnant la côte dont ils sont séparés par un canal plus ou moins large; et enfin les *atolls* ou *îles lagouns*, que l'on distingue en atolls sous-marins et en atolls proprement dits. Les premiers se composent d'un cercle de coraux enveloppant un espace peu profond dépourvu de polypiers. Les seconds sont des îles circulaires ou annulaires qui n'existent que dans l'Océanie et qui sont formées de coraux morts; car ces polypiers périssent dès qu'ils sont en contact avec l'air atmosphérique. Peyssonnel a décrit ainsi la formation de ces îles de corail : « Quand le récif est d'une hauteur telle, qu'il se trouve presque à sec au moment de la basse mer, les coraux abandonnent leurs travaux. Au-dessus de cette ligne, on observe une masse pierreuse continue, composée de coquilles et de mollusques, d'échinites avec leurs pointes brisées, et de fragments de coraux, cimentés par un sable calcaire provenant de la pulvérisation des coquilles. Il arrive souvent que la chaleur du Soleil pénètre cette masse, lorsqu'elle est sèche, et occasionne des fentes en plusieurs endroits; alors les vagues ont assez de force pour diviser des blocs de coraux qui ont jusqu'à six pieds de long, sur trois ou quatre d'épaisseur, et pour les lancer sur les récifs, ce qui finit par en élever tellement la crête, que la haute mer ne la recouvre qu'à certains moments de

LES ILES BASSES

l'année. Le sable calcaire n'éprouve ensuite aucun autre dérangement, et offre aux graines d'arbres et de plantes que les vagues y amènent un sol sur lequel ces végétaux croissent assez rapidement pour ombrager bientôt sa surface éblouissante de blancheur. Même avant que les arbres soient assez touffus pour former un bois, les oiseaux de mer y construisent leurs nids; les oiseaux de terre égarés viennent y chercher un refuge; et, plus tard enfin, lorsque le travail des polypiers est depuis longtemps achevé, l'homme paraît et bâtit sa hutte sur le sol devenu fertile. » La construction des atolls est rapide; ainsi en 1825 l'île de Bikri n'atteignait pas encore la surface de l'eau, et en 1860 elle avait une quarantaine d'acres de surface sèche et portait des arbres.

Le nombre des atolls est immense dans les mers tropicales. Citons les Bermudes, les Maldives, les Laquedives, les îles Basses, les atolls de Taïti, etc.; leurs dimensions varient beaucoup: depuis un tiers de lieue jusqu'à 11 lieues de diamètre, comme Bow Island.

Quant aux bases des atolls, les uns en font des montagnes volcaniques, ce qui expliquerait leur forme circulaire; les autres, avec Darwin, émettent une théorie d'après laquelle l'atoll s'élèverait sur les débris des polypiers et des matières terreuses, pendant que le fond de l'Océan s'affaisserait peu à peu : ce qui du reste est encore un phénomène volcanique.

Mais les polypiers coralligènes ont leurs ennemis. Lyell rapporte qu'il existe dans les îles Bermudes et dans celles de Bahama des lagunes environnées de récifs madréporiques sur le fond desquelles se dépose une vase calcaire, blanche, molle, qui résulte, non seulement de la trituration des débris d'animaux marins, mais encore, ainsi que Darwin l'a observé en étudiant les îles de coraux du Pacifique, de la matière excrémentitielle rejetée par les échinodermes, par le strombe

UNE EXPLOITATION DU GUANO.

géant, l'holothurie et les poissons corollaphages, qui rongent paisiblement les coraux vivants comme les quadrupèdes herbivores broutent le gazon. Une vase, ayant la même origine, dans les atolls des Maldives, est entraînée par d'étroites ouvertures des bassins intérieurs des récifs vers l'Océan et colore les eaux jusqu'à une grande distance. En se durcissant, cette vase forme de la craie blanche.

Ces faits conduisent insensiblement à d'autres formations dues aussi à l'accumulation des produits de digestion. Le guano doit être cité en première ligne.

Le guano est un véritable engrais fossile, un fumier minéralisé, pour reproduire l'expression pittoresque de M. Simonin.

Il s'exploite surtout aux îles Chincha, voisines des côtes du

UN COPROLITHE.

Pérou. On le trouve aussi sur la côte Bolivienne et au nord du Chili, vers le désert d'Atacama ; enfin, dans certaines îles tropicales du Pacifique, de l'océan Indien, de la mer Rouge et de l'Atlantique. C'est une déjection d'oiseaux fossilisée et renfermant, outre le phosphate de chaux, des sels à base d'ammoniaque, qui sont pour la terre végétale où on les met, comme une manne bienfaisante qui en augmente singulièrement la fertilité.

Déjà depuis longtemps on exploitait comme substance fertilisante, sous le nom de *coprolithes*, des rognons pierreux qui sont également, au moins en partie, des déjections animales fossilisées.

Enfin, les débris de coquilles et d'animaux marins ont

LE MONT SAINT-MICHEL A MARÉE BASSE.

donné lieu de leur côté à de nombreuses roches. Le terrain tertiaire, par exemple, présente fréquemment des marnes grossières, sableuses, où les débris de coquilles et de polypiers forment un des éléments essentiels de la roche. Ces marnes servent en Touraine à l'amendement des terres; elles y sont désignées sous le nom de *faluns*, maintenant introduit dans la science géologique.

En Angleterre, on appelle *crag* une roche ressemblant beau-

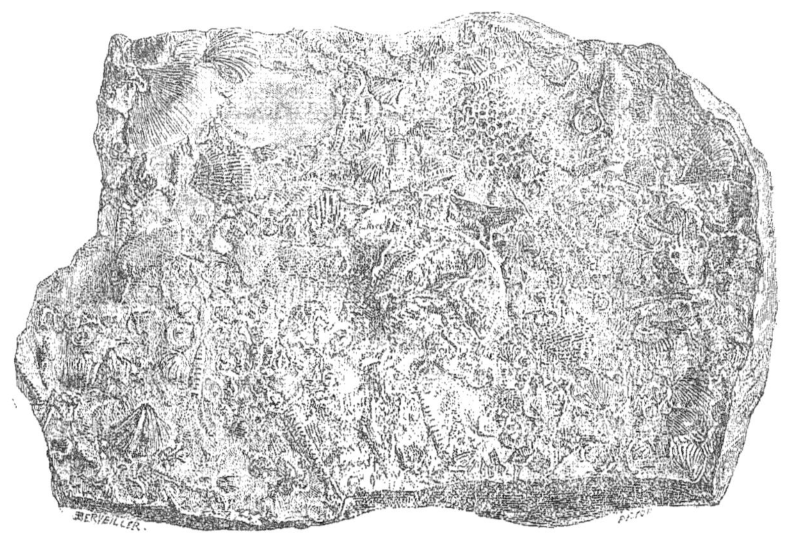

CALCAIRE COQUILLIER.

coup, sous le rapport pétrographique, aux faluns, également employée dans l'amendement du sol et dont le nom sert aussi à dénommer un des étages de la série tertiaire. La *tangue*, composée de sables plus ou moins fins, d'argiles micacées et de débris de crustacés, de madrépores, de coquilles, etc., roulés, broyés, triturés, malaxés par le mouvement incessant des flots, est aussi un amendement des plus fertilisants. On l'exploite surtout en Normandie, par exemple autour du

ROCHERS ROUGES PRÈS DE MENTON.

mont Saint-Michel, et en Bretagne. Dans cette dernière région, elle porte le nom de *maerle,* lorsqu'elle est surtout composée de polypiers.

Il existe des calcaires qu'on désigne sous le nom de *calcaires coquilliers :* tel est le *calcaire grossier,* avec lequel on construit à Paris. Le nom de *lumachelle* (de l'italien *lumaca,* limaçon), primitivement employé par les marbriers italiens et adopté ensuite par les géologues, s'applique à des calcaires également coquilliers, mais ordinairement assez durs et assez compacts pour fournir des marbres souvent remarquables par leur éclat nacré.

5. LE RÔLE GÉOLOGIQUE DE L'HOMME

Les animaux apparus les premiers n'ont fait qu'ouvrir le long défilé de la série animale.

Mais, à mesure que celle-ci se développe, le rôle de la vie change. Après avoir par ses premiers représentants réalisé le milieu nécessaire à la production des seconds, elle tend par le moyen des seconds à préparer la manifestation d'un principe autre et plus élevé que le sien, qui acquiert dans l'homme toute l'intensité d'éclat compatible avec l'existence terrestre.

L'homme a laissé çà et là par ses débris accumulés, par exemple dans les cavernes des Rochers rouges, près de Menton, des vestiges qu'on pourrait rapprocher de ceux qui viennent de nous occuper. Mais son œuvre géologique propre est d'un autre caractère.

En effet, l'isthme de Suez ouvert, le mont Cenis et le Saint-Gothard percés; en Californie des montagnes nivelées par les chercheurs d'or; partout d'immenses remblais opérés; la Hollande conquise sur les flots; la mer de Haarlem desséchée; le dessèchement des étangs et des lacs; l'immersion des terres basses; la création de lacs artificiels au moyen de barrages; l'endiguement des fleuves et des rivières; le creu-

LAVAGE D'OR EN CALIFORNIE.

sement des canaux; le forage des puits; l'irrigation et le drainage; le colmatage qui détourne au profit des terres le limon fertilisant que les cours d'eau portent à la mer; la fixation des dunes; des cavernes ouvertes par l'exploitation des carrières et des mines; l'emploi des combustibles minéraux versant dans l'atmosphère et restituant au cercle de la vie organique des dépôts de force immobilisée dans les profondeurs du sol : ce sont là quelques travaux ayant un caractère géologique très marqué, puisque les agents chimiques et géologiques qui ont donné à la Terre son relief actuel en ont fait et en font encore aujourd'hui de pareils.

Le même caractère se trouve également en des travaux qui n'existent encore qu'à l'état de projet, mais qui sont physiquement et humainement faisables, quoiqu'ils puissent n'être jamais exécutés. Tels sont : la création des mers artificielles, et en particulier de la mer de Galilée ; la submersion des Chotts algériens; la transformation des détroits en isthmes par de simples remblais; la fertilisation des déserts par le forage des puits artésiens; la fabrication de la terre végétale au moyen de torrents artificiels prenant dans la montagne, pour les transporter dans les plaines, des débris de roches qui se transforment chemin faisant en limon fertilisant.

Notons que, faites ou à faire, ces choses ne sont encore que des œuvres d'apprenti, l'homme ne s'étant que récemment mis à l'école de la science. Cependant elles n'auraient besoin dès aujourd'hui que d'être amplifiées (et la civilisation leur procurera cet agrandissement par le seul fait de sa durée) pour prendre rang, par la multiplicité et l'importance de leurs conséquences, parmi les œuvres principales de la nature.

Chacune des opérations précitées a en effet pour résultat parfois indirect, souvent imprévu, toujours assuré, de modifier en quelque chose les caractères physiques de la région où elle s'exécute. Par elle, l'homme a appris, ce dont il était loin de se douter, qu'il peut avoir une action modificatrice sur les vents, sur les météores aqueux, sur la température de l'air, et de proche en proche sur tous les éléments climatologiques ou, d'une façon plus générale, sur les conditions biologiques de la surface de la Terre.

Par l'acquisition et par l'exercice systématique de ce pouvoir, il peut exercer sur sa destinée et sur celle des êtres dont l'existence est liée à la sienne une influence à la longue tout aussi considérable que celle qu'ont eue sur son passé les agents géologiques qui ont constitué le milieu dans lequel il a vécu.

6. LA VIE PLANÉTAIRE

Arrivé à ce point, le globe est parvenu à la plénitude de la vie.

Il vit, en effet, et comment, après le rappel des faits qui précèdent, mettre la chose en doute ? Il va d'ailleurs sans dire que nous ne l'assimilons à aucun des êtres particuliers qu'il renferme dans son vaste sein. Mais, étant donnée la distinction entre corps bruts et corps vivants, il est évident que la Terre échappe par tous ses caractères à la définition des premiers, que toutes ses analogies sont avec les seconds, et qu'elle a droit enfin, autant que pas un, au titre de corps organisé.

Peut-être, entre la vie du globe et celle des êtres qu'il renferme, les analogies et les différences sont-elles comparables à celles qui, dans un de ces êtres, existent entre celui-ci et les éléments figurés qu'il comprend. Pas plus que celle de ces éléments, la place du globe n'est dans aucun des trois règnes de la nature.

Le foyer interne qui semble établir une différence marquée entre la Terre et les êtres supérieurs est une analogie : la Terre a une chaleur propre. La rigidité de sa substance, autre différence, n'est qu'une apparence, la flexibilité de l'écorce solide étant une des clefs principales de l'histoire de la planète ; comme la plupart des êtres vivants, la Terre réunit en elle tous les états physiques de la matière. Chez elle comme chez eux, on trouve des parties diverses par la structure, par les propriétés, par les degrés de vitalité. Chez elle comme chez eux, des fonctions spéciales sont attribuées à des organes, à des appareils et à des systèmes déterminés. Enfin, pour la Terre comme pour les êtres vivants, l'état sous lequel elle se présente n'est que le résultat du conflit perpétuellement établi entre sa force propre et le milieu dans lequel elle est plongée.

La Terre est le théâtre d'un nombre infini de circulations variées, dans le cours desquelles, comme dans les circuits analogues chez les végétaux et les animaux, les molécules peuvent ne point éprouver de modifications ou n'éprouver que des changements d'état, ou subir des transformations chimiques.

Les eaux, dans l'air, sous terre ou dans l'eau, sont assujetties à parcourir de nombreux circuits de ce genre. Pareils systèmes sont constitués dans l'atmosphère, au profit des gaz, par le mécanisme des vents réguliers.

Quant à des exemples de circulation accompagnée de changements chimiques, il suffit de citer celle que déterminent les êtres vivants. Les transformations du carbone en sont un des exemples les plus remarquables.

Certains astres, quoique plus anciens que la Terre, semblent s'être immobilisés dans une des formes antérieures de celle-ci. Nous les regarderons comme des astres atteints d'arrêt de développement.

Ce groupe contient les planètes dites *supérieures*, savoir : Jupiter et Saturne, Neptune et Uranus, qui manifestent, à l'examen spectroscopique, les deux premières une structure liquide, et les deux dernières une structure gazeuse, de sorte que les deux plus anciennes représentent justement l'état le moins avancé, ce qui confirme l'idée d'un arrêt de développement.

Il est clair, d'après leur situation excentrique dans le système, que ces astres sont les plus âgés, c'est-à-dire ceux qui se sont séparés le plus anciennement de la nébuleuse primitive.

Mais, à cause des triages par ordre de densité, dont cette nébuleuse a nécessairement été le siège, ainsi qu'on le voit encore sur le Soleil, ces astres se sont trouvés constitués de matériaux spéciaux, incapables de prendre, par l'effet du refroidissement, une consistance solide comparable à celle de la croûte terrestre. Ils se sont donc maintenus dans un état qui reproduit les phases passées de notre globe, alors qu'une température élevée maintenait fluide toute sa substance.

CHAPITRE II

LES EFFETS DE L'ABSORPTION DES ENVELOPPES FLUIDES PAR LE NOYAU SOLIDE

Plus jeunes ou plus anciens que la Terre, ces astres sont moins avancés qu'elle en développement. Plus anciens qu'elle, il en est d'autres qui ont traversé et dépassé les phases qu'elle a parcourues. L'histoire de la Terre nous a permis de préciser la situation actuelle des membres les plus jeunes et les moins avancés de notre système; la situation actuelle de ceux dont il va être question nous permettra de déterminer l'avenir de notre globe et de ses congénères, Mercure, Vénus et Mars.

La Lune forme le type de ce groupe; et si nous classons les astres morts selon les différents états qu'ils présentent, qui sont à vrai dire les degrés de leur décomposition, la Lune deviendra le représentant unique du premier degré.

Nous verrons en quoi consistent les degrés ultérieurs et comment ils sont représentés. Mais avant tout, et pour être bien compris, il nous faut reprendre l'histoire des astres morts au point où nous l'avons laissée en parlant de la Terre.

La phase à laquelle le globe terrestre est parvenu répondant à l'état adulte, est nécessairement suivie de phases de déclin. Le refroidissement continuant toujours, la croûte s'épaissit de la circonférence vers le centre, et en même temps un fait jusqu'alors négligeable devient considérable : c'est l'absorption des eaux et de l'atmosphère par la portion solide.

I. LA DIMINUTION DES OCÉANS

On sait que les eaux pénètrent de proche en proche dans l'épaisseur des roches et que les pierres extraites des carrières sont saturées d'humidité. La formation des terrains stratifiés a donc fixé des quantités énormes d'eau qui auparavant faisaient partie de l'Océan. Les terrains sur lesquels reposent les couches de sédiment et qui constituent, à proprement parler,

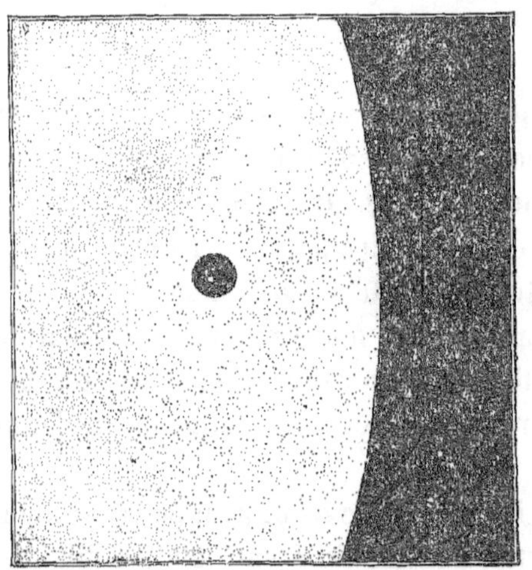

PASSAGE DE MERCURE SUR LE SOLEIL PERMETTANT D'APPRÉCIER L'ÉPAISSEUR DE L'ATMOSPHÈRE MERCURIELLE.

l'*assise* du globe, en absorbent également beaucoup. Dans un travail spécial, Durocher a démontré que 10 000 kilogrammes de ces roches renferment 127 grammes d'eau. L'océan actuel n'est donc qu'un résidu de la mer des époques primitives.

On peut dire de l'air ce qui vient d'être dit de l'eau : l'atmosphère est *bue* comme l'Océan par la partie solide du globe, et plus la Terre vieillira, plus l'Océan restreindra ses limites, plus l'atmosphère diminuera d'épaisseur.

Un coup d'œil jeté sur les planètes inférieures ferait ressortir la justesse de cette prévision, outre que l'atmosphère de Vénus et surtout celle de Mercure sont bien plus épaisses que celle de la Terre, ainsi qu'on s'en assure lors des éclipses; je me bornerai à faire remarquer que, comme on l'a vu plus haut, tandis que sur la Terre l'eau couvre les trois quarts de la surface du globe, sur Mars, qui est bien plus âgé, elle en baigne à peine la moitié.

Or, si l'on examine les cartes marines, où, comme sur celle de l'océan Atlantique due au travail de Maury, Stieler, etc., sont tracées les courbes horizontales successives pour les profondeurs de plus en plus grandes, on reconnaît que ces courbes tendent progressivement à limiter des zones dont la forme est de plus en plus allongée. A 4000 mètres, par exemple, on obtient des formes comparables de tous points à celles des mers de Mars.

Il résulte de là que, si on suppose l'eau de l'Atlantique absorbée par les masses profondes actuellement en voie de solidification, de façon que le niveau de cet océan s'abaisse de 4000 mètres, on aura à la fois une bien moins grande surface recouverte par l'eau, et une forme étroite et allongée de la mer, c'est-à-dire la représentation exacte de ce que Mars présente.

2 L'ÉTAT DE SÉCHERESSE DE LA LUNE

Les satellites étant plus petits que les planètes autour desquelles ils gravitent et la vitesse de refroidissement croissant très vite quand le volume diminue, ils doivent être considérés comme plus âgés que ces planètes.

La Lune, par exemple, est plus âgée que la Terre et elle représente, au moins à certains égards, l'état auquel celle-ci parviendra plus tard. Ce qui caractérise la Lune, c'est l'absence d'eau et d'air. Il n'en a pas toujours été de même. Les phénomènes volcaniques qui y sont si développés en donnent une preuve irréfutable, car ils ne sont point possibles sans le concours de l'eau.

Or l'épaisseur de la croûte terrestre actuellement consolidée est bien peu de chose par rapport au rayon du globe.

UNE CHAINE DE VOLCANS LUNAIRES.

Par le fait seul de son épaississement, la masse solide de la Terre absorbe donc encore beaucoup d'eau. Un calcul très simple conduit même à cette conséquence que toute l'eau de la mer ne suffirait pas, à beaucoup près, à l'hydratation moyenne des masses profondes en voie de solidification.

Il est aisé de se représenter les phases inévitables du phénomène dont il s'agit : sous la double influence de l'appel vers le centre produit par le refroissement et de la pression atmosphérique, les régions superficielles se dessèchent au profit des masses profondes. Dans le vide ainsi produit, l'air pénètre peu à peu et l'astre, depuis longtemps impropre à la vie, devient le domaine du silence; enfin, après avoir vu s'éteindre les êtres animés qu'il portait et disparaître les eaux qui le baignaient, il perd jusqu'à son ciel : une profondeur noire l'environne de toutes parts. C'est un astre mort, un cadavre. Et l'on voit que la Lune présente ces caractères dès maintenant.

CHAPITRE III

LES EFFETS DU RETRAIT

Nous avons été conduit à la conclusion nécessaire que les météorites sont des *débris d'astres*. Il ne semble pas que cette conclusion puisse être attaquée. Voici donc introduite dans la science, et pour la première fois, la notion que des astres peuvent finir, se briser, disparaître de la voûte des cieux.

Nous disons pour la première fois, quoique la supposition de la rupture d'un astre ait été formulée souvent; mais la supposition seule n'est jamais la démonstration. Ici, au contraire, ce n'est pas une hypothèse que l'on imagine, c'est une conclusion qu'on tire d'études purement minéralogiques et qu'on n'est pas libre de n'en pas déduire ; pour mieux dire, c'est un fait qu'on constate.

Mais cette notion nous met en présence d'un problème nouveau. Comment un astre peut-il se réduire en fragments indépendants les uns des autres, comme sont les météorites ?

Les premiers qui ont parlé d'astres brisés n'étaient point à court d'explications ; pour les uns, il y avait eu rencontre et choc de corps célestes; pour d'autres, explosion de planète, etc. Affaire de goût et d'imagination.

Prenons une autre méthode, et, retournant sur nos pas, voyons si les divers astres de notre système ne présentent pas quelques caractères propres à nous mettre sur la voie de la solution. Or il est impossible de se livrer à cet examen sans reconnaître aussitôt, chez certains de ces grands corps, une tendance à la rupture spontanée.

1. LES FAILLES DE LA TERRE

La Terre nous montre des fêlures, les *failles*, effets d'une action générale qui produit les mouvements d'ensemble désignés par Élie de Beaumont sous le nom de *bossellements*

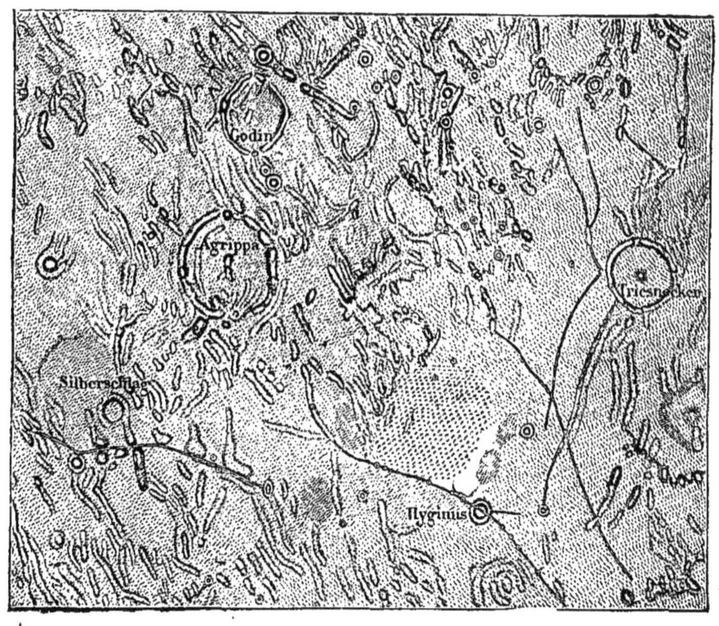

LES RAINURES DE LA LUNE.

généraux, et qui est liée à la diminution progressive de volume du noyau interne.

Le premier revêtement solide de notre planète s'est nécessairement concrété sur un sphéroïde fluide (gazeux) beaucoup plus gros que n'est aujourd'hui la Terre. Au fur et à mesure de la contraction de ce sphéroïde, le revêtement a cédé par places, de façon à le suivre dans son mouvement de retrait.

Or il n'a pu le faire qu'en se fendillant. Les voussoirs, ainsi délimités, ont glissé les uns sur les autres. Ainsi se sont formées les grandes lignes de relief du sol. En même temps, des matériaux fluides sous-jacents s'injectaient dans les fissures et formaient les filons, les dykes, les culots, etc.

La Terre étant encore fort loin d'être refroidie jusqu'au centre, cet ensemble de phénomènes se produit dans sa profondeur, sans que la surface éprouve autre chose que des mouvements lents. Mais, dans la suite, ces velléités de rupture, toujours contrariées dans l'état actuel par une cimenation profonde, ne feront-elles pas place à une rupture véritable?

2. LES CREVASSES DE LA LUNE

Si cette supposition est fondée, la Lune, étant plus avancée que la Terre en développement, doit manifester cette tendance à la rupture avec une accentuation plus marquée.

Or c'est justement ce que l'observation révèle.

Tout le monde connaît les crevasses à la fois si étroites et si longues qui, sur une profondeur inconnue, traversent, sans s'infléchir, les plaines, les cratères et les montagnes de la Lune : ce sont les rainures, commencement déjà bien caractérisé de la rupture de l'astre mort.

3. LES FORMES DES PETITES PLANÈTES

Cherchons dans le ciel les effets d'une action plus avancée. Les petits astéroïdes situés entre Mars et Jupiter paraissent nous les fournir.

Il semble, en effet, que la petitesse de leur masse totale, l'enchevêtrement de leurs orbites, la forme polyédrique qu'on leur a reconnue, l'absence de toute atmosphère, enfin la grande distance qui les sépare du Soleil, et par conséquent leur grand âge, soient autant de raisons pour voir dans ces planètes, à peu près comme le voulait Olbers, les fragments séparés d'un astre jadis unique.

Ajoutons que l'hypothèse de la rupture spontanée, substituée à l'idée peu naturelle d'un choc ou d'une explosion, semble faciliter beaucoup la solution de certaines objections qui ont eu raison des idées de l'astronome de Brême.

4. LES FORMES DES MÉTÉORITES

Les météorites représentent un terme encore bien plus accusé de la désagrégation spontanée.

Admettons que les crevasses de la Lune, successivement prolongées et approfondies, finissent par résoudre l'astre en blocs distincts, et n'ayant d'autre lien que leur mouvement orbitaire simultané.

Cette communauté d'allure pourrait évidemment durer longtemps. Mais il n'est pas impossible d'imaginer des causes extérieures qui déterminent leur éparpillement le long de l'orbite que décrivait le globe, exactement comme s'éparpillent les étoiles filantes sur la trajectoire des comètes.

Au bout d'un temps suffisant, dans cette manière de voir, ils ceindraient donc d'un anneau complet l'astre central, autour duquel leur ensemble gravite, et ils se précipiteraient successivement à sa surface.

A ce moment ce seraient de véritables météorites, dont l'arrivée serait accompagnée de tous les phénomènes que nous connaissons.

5. COMMENT SE SONT PRODUITES LES MÉTÉORITES

D'où viennent les météorites? Comment déterminer la région du ciel où se mouvait l'astre détruit dont elles sont les débris?

Nous avons montré que le système solaire étudié dans son ensemble, et abstraction faite du Soleil lui-même, se divise en trois zones d'astres, caractérisées respectivement par leur état physique.

Aux confins du système sont les deux planètes Neptune et Uranus, qui manifestent au spectroscope une structure vaporeuse et semblent encore faiblement lumineuses par elles-mêmes.

A leur suite viennent Saturne et Jupiter, qui se comportent à l'observation comme des corps liquides.

Enfin arrivent tous les corps du système solaire inférieur : les astéroïdes, Mars, la Terre, la Lune, Vénus et Mercure, qui montrent un noyau solide et que par cette raison, afin d'éviter les périphrases, nous avons appelés les planètes solides.

Nous avons reconnu que cet état solide est acquis; qu'il résulte du refroidissement des astres plongés dans un espace suffisamment froid pour déterminer la condensation et la solidification de certaines des vapeurs dont ces astres étaient d'abord formés. Mais en même temps nous avons constaté que les planètes encore fluides sont précisément les plus âgées du système, et qu'il n'y a aucune apparence, par conséquent, qu'elles changent jamais d'état. C'est à cause de leur incapacité à fournir toutes les phases de l'évolution sidérale que nous les avons qualifiées d'astres atteints d'arrêt de développement.

Or les météorites étant solides doivent d'après cela provenir d'un astre du système solaire inférieur. Il reste à voir si dans ce système lui-même nous ne pourrons pas préciser la région où il gravitait.

Or l'astre dont nous essayons de retrouver la place dans le ciel pouvait :

Ou graviter autour du Soleil dans une orbite cométaire ;

Ou graviter autour du Soleil dans une orbite planétaire ;

Ou graviter autour de la Terre à la manière de la Lune.

Un examen très simple des faits qui accompagnent la chute des météorites nous permettra d'éliminer les deux hypothèses inexactes pour conserver la bonne.

Il y a plusieurs raisons de dire que ce n'était pas une comète, et deux sont surtout décisives. La première est tirée de la nature même des météorites, l'autre de l'absence de toute périodicité dans leur arrivée sur la Terre.

Les comètes ont été soigneusement étudiées au spectroscope, qui a permis d'y reconnaître plusieurs corps simples et même certains composés définis, et qui a servi à déterminer en même temps l'état physique de ces corps errants. Le résultat constant a été que les comètes sont gazeuses, par conséquent elles diffèrent absolument des météorites.

De plus, l'orbite des comètes coupant les orbites planétaires, les planètes et les comètes ne peuvent se rencontrer qu'à certaines époques déterminées : si les météorites étaient d'origine cométaire, leurs chutes seraient donc plus nombreuses en certains mois qu'en d'autres.

C'est par un raisonnement de ce genre que MM. Schiapparelli, Le Verrier, Adams et autres sont arrivés à reconnaître que les étoiles filantes sont le produit de la désagrégation des comètes ; que l'essaim d'étoiles filantes du 10 août doit son origine à la grande comète de 1862 ; que l'essaim du 13 novembre dérive de la comète de Tempel, apparue en 1866, etc.

Or rien d'analogue ne se présente pour les météorites, puisqu'elles tombent à des époques quelconques.

L'astre d'où proviennent les météorites n'était donc pas une comète.

Mais cette absence de périodicité pourrait se concilier avec l'hypothèse qui ferait des météorites le produit de la désagrégation d'une planète. Elles formeraient alors, en effet, un anneau autour du Soleil, concentrique à l'orbite de la Terre, et qui par conséquent pourrait se confondre plus ou moins avec elle.

Mais cette nouvelle supposition soulève des difficultés tellement considérables, qu'on est conduit à la rejeter.

En effet, la résolution de la planète en météorites suppose forcément, d'après les études précédentes, qu'elle soit arrivée à la dernière phase de l'évolution sidérale. Or son grand âge ne peut résulter que de l'une ou de l'autre de ces conditions :

1° Ou bien elle gravitait aux confins mêmes du système solaire inférieur; plus loin que les petites planètes, puisque celles-ci ne sont point encore réduites à l'état de météorites;

2° Ou bien elle pouvait graviter dans le voisinage de l'orbite terrestre, mais elle était d'un volume inférieur à celui de la Lune elle-même, puisque celle-ci ne montre encore que les premiers indices de démolition.

Or, dans le premier cas, les fragments n'auraient pas eu actuellement le temps de se rapprocher du Soleil de toute la distance qui sépare leur orbite originaire de celle de la Terre. L'éloignement des petites planètes par rapport à Mars nous met en droit de l'affirmer.

Et dans le second, il serait de toute impossibilité que le phénomène de la chute des météorites ne fût pas le plus rare possible, car on voit, par l'absence même de périodicité, que les débris d'une planète plus petite que la Lune devraient faire autour du Soleil une ceinture ayant au moins la longueur de l'orbite terrestre.

L'astre d'où viennent les météorites n'était donc pas une planète.

Arrive la troisième supposition, la dernière de celles qu'on puisse faire, en partant, bien entendu, des données de la Géologie comparée.

Elle consiste à voir dans l'astre qui fournit les météorites un satellite de la Terre beaucoup plus petit que la Lune et, à cause de cette circonstance, beaucoup plus rapidement parvenu à l'état de décomposition.

L'absence de périodicité du phénomène de la chute des pierres cadre parfaitement avec cette manière de voir.

Cette absence de périodicité est en effet tout expliquée dès que la Terre emporte avec elle la cause du phénomène.

Remarquons aussi que, celui-ci étant terrestre, une autre cause terrestre est seule en proportion de l'effet à expliquer.

QUATRIÈME PARTIE

LES PROBLÈMES DE LA TERRE

CHAPITRE PREMIER

L'AVENIR DE LA TERRE

Parmi toutes les conséquences des études que nous venons de faire, il en est une qui est plus particulièrement de nature à nous intéresser. Tout ce qui a été dit de l'évolution sidérale s'appliquant à la Terre, un jour viendra où, après avoir perdu son atmosphère, après avoir vu des rainures s'ouvrir en tous sens à sa surface, elle pourra se réduire en fragments météoritiques.

Bien avant ce terme, les êtres vivants, et spécialement l'humanité, privés des conditions nécessaires à leur existence, se seront éteints successivement.

Notons d'ailleurs que, la loi de l'évolution sidérale s'appliquant également au Soleil, un temps doit venir où l'astre radieux cessera de vivifier les planètes. Si elles n'étaient pas déjà désagrégées, elles deviendraient dès lors impropres au séjour d'êtres vivants.

Inutile de rappeler qu'un bloc de basalte de la grosseur de notre planète ne se refroidirait que d'un degré en neuf millions d'années. Car si cette considération rejette dans un avenir très lointain l'évènement qui nous occupe, cela ne le rend nullement incertain.

Un professeur distingué, prématurément enlevé à la science, M. Trouëssart, dont l'esprit s'était arrêté sur ces questions, exposait en ces termes l'avenir qui nous attend et faisait ainsi connaître ses préférences sur les diverses fins possibles du genre humain : « Un jour, dit-il, ce brillant flambeau, source pour nous de lumière, de chaleur, de mouvement et de vie, s'éteindra, et nous autres, pauvres mortels (car comment ne pas nous associer à la destinée de notre postérité?), que deviendrons-nous alors? Après avoir traîné les restes d'une *mourante vie*, mené la triste existence des Lapons, des Eskimaux, des Samoyèdes, repassé lentement, à reculons, par tous les degrés de notre développement physique, intellectuel et moral, il faudra finir d'épuisement, de misère, de faim et de froid! Mieux vaudrait mille fois une dernière catastrophe qui emporterait l'humanité en pleine civilisation, et qui lui permettrait de dire à l'univers qui l'écraserait, suivant la belle expression de Pascal, « qu'il est encore plus noble que lui. » — Oui, tout plutôt que cette fin misérable, où la pensée elle-même se serait sans doute éteinte avant ce reste indigne de vie matérielle! Mais cette catastrophe, la science ne la prévoit pas et elle prévoit l'extinction du Soleil. »

Cependant on peut remarquer que, si la fin qui répugnait tant à Trouëssart attend véritablement le genre humain, c'est simplement la preuve que la loi qui régit l'espèce n'est autre que celle qui régit l'individu. Et pourquoi donc cette loi appliquée à l'espèce nous causerait-elle tant d'horreur quand, appliquée à l'individu, elle nous semble si naturelle? Si le spectacle de l'homme qui, chargé d'années, redescend, par une progression rétrograde, le versant de la vie, ne nous désespère point, c'est que nous savons que cet amoindrissement continu n'est qu'apparent et momentané, qu'il ne porte que sur des éléments secondaires, transitoires et extérieurs, dont l'altération nous donne seule l'illusion de l'obscurcissement de ce qui dans l'homme est l'homme même; et que celui-ci, introduit par la mort dans une autre existence, y recouvrera tout l'éclat dont nous l'avons vu briller au moment de son apogée moral, devenu le point de départ de l'ascension nouvelle qu'il va fournir. Mais n'avons-nous pas les mêmes motifs de reconfort en ce qui concerne l'humanité? Société transitoire d'êtres immortels, appelés à remplir de concert une grande fonction terrestre, qui est de faire sentir aux choses d'ordre physique et physiologique la suprématie de l'esprit, si l'humanité se dissout, quand cette fonction est remplie, ce doit être pour reformer ailleurs, en vue d'autres destinations plus sublimes, des sociétés nouvelles, puisque les associés ne meurent point.

Nous ne partageons donc nullement les inquiétudes si éloquemment exprimées par Trouëssart. Ses répugnances ne nous paraissent pas mieux motivées. Que l'humanité doive être un jour relevée du poste qui lui est confié ici-bas, n'est-ce pas l'essentiel? Car si sa destinée était à jamais liée à celle de la Terre, arrivée dès aujourd'hui, comme quelques-uns le prétendent, à un état de stabilité immuable, ses progrès dans la science et dans la puissance seraient donc limités à ce qu'on peut acquérir de l'une et exercer de l'autre, de ce point insignifiant de l'espace sans bornes où nous sommes actuellement cantonnés!

La théorie de l'évolution sidérale dissipe cette terne perspective. Et puisque nous avons la certitude que ni la raison, ni les sens, ni le cœur, qui nous ont été donnés, ne sont de pures sources d'illusions, ayons aussi cette confiance que la réalité qui est devant nous vaudra mieux que tout ce que nous pouvons regarder comme le meilleur dans notre ignorance profonde.

CHAPITRE II

LES PROFONDEURS DE LA TERRE

L'observation directe du globe ne nous fournit aucun renseignement positif sur la nature des masses existant au-dessous du revêtement cristalin qui sert de support aux terrains stratifiés. Mais, en vertu du principe de l'unité de constitution du système solaire, il est tout indiqué de comparer le globe d'où viennent les météorites à ce que nous connaissons de l'écorce terrestre, afin de voir si cet examen ne nous mettra pas en mesure de combler plus ou moins la lacune dont il s'agit.

1. L'UNITÉ D'ORIGINE DES MÉTÉORITES

Les divers types de météorites ont une origine commune; ils ont été en relations ensemble, comme les roches qui constituent l'écorce de la Terre sont de leur côté en relations mutuelles; ce grand fait, non soupçonné jusque dans ces derniers temps, se démontre à l'aide de diverses méthodes parfaitement indépendantes les unes des autres, et que nous allons indiquer rapidement.

A cet égard on peut donner aux météorites le nom de *fossiles planétaires*, car elles nous révèlent l'ancienne existence d'astres disparus, en faisant naître l'espoir de les reconstruire. Bien qu'elles nous fournissent le dernier terme de la décomposition planétaire, la matière des astres morts rentrant par l'intermédiaire des astres vivants dans le tourbillon de la vie planétaire, cependant les météorites ont conservé des caractères dus à leur ancienne union et qui trahit celle-ci à l'œil de l'observateur.

Ainsi, il est évident qu'une brèche *polygénique*, ou renfermant les éléments de plusieurs espèces de roches, n'a pu se former que là où ces éléments divers coexistaient.

Les *pépérines* de nos volcans dans lesquelles se rencontrent côté à côte des fragments des roches appelées *basalte, dolérite, wacke*, etc., ne prennent naissance que là où se présentent à la fois le basalte, la dolérite et la wacke.

Il y a dans les Pyrénées une brèche bien remarquable par sa complexité : c'est toute une collection de roches en petits fragments recollés ensemble. On y distingue le granit, le talcschiste, le phyllade, l'argile, le calcaire, etc. Son existence est une preuve suffisante de l'existence du granit, du talcschiste, du phyllade, etc., dans les lieux d'où elle provient.

Le même raisonnement s'applique évidemment aux météorites. Dès qu'une brèche météoritique renferme des fragments pouvant être rapportés à des types de météorites simples, ces types simples ont nécessairement été quelque part en relation de position.

Or de telles brèches existent.

Citons d'abord celle qui est tombée à Saint-Mesmin (Aube) en 1866. On y constate la coexistence de la roche du type de Lucé et de la roche du type de Limerick. Ces deux types de roches proviennent donc d'un même gisement.

Voici, en second lieu, la brèche tombée à Canellas, en Espagne, le 14 mai 1861. Elle ressemble beaucoup à la précédente et contient comme elle la roche de Limerick, mais la roche de Lucé y est remplacée par celle de Montréjeau.

Cette brèche prouve donc la communauté d'origine des types de Limerick et de Montréjeau.

De ces deux premiers faits pourrait être déduite la communauté d'origine des roches de Montréjeau et de Lucé, qui se trouvent respectivement en rapport avec la même roche de Limerick. Mais cette démonstration s'obtient autrement, comme on verra tout à l'heure.

La météorite tombée en 1877 à Soko Banja en Serbie fournit la preuve de relations stratigraphiques entre la roche de Montréjeau et la roche d'Erxleben.

Arrivons tout de suite à la brèche bien plus compliquée de Parnallée, dont nous avons déjà parlé. D'après ce qui précède, cette brèche prouve la communauté d'origine de sept types au moins de roches, dont trois sont représentés par des météorites distinctes, savoir : celles de Tadjéra, de Chassigny et de Bishopville. Les quatre autres offrent en plus cet intérêt spécial qu'ils nous permettent de prédire avec certitude l'arrivée de types météoritiques non encore observés isolément.

Parmi les brèches se rangent aussi les fers de Deesa et d'Atacama.

Le premier démontre la communauté d'origine du fer de Caille et de la pierre de Tadjéra ; l'autre, celle du même fer de Caille avec la pierre de Chassigny.

On pourrait beaucoup prolonger cette énumération.

Sur la Terre, les types lithologiques ne sont jamais nettement définis ; d'ordinaire ils passent insensiblement des uns aux autres, et c'est ce qui rend la classification des roches extraordinairement difficile. Or ces passages ne sauraient s'observer si les divers types ainsi reliés ne dérivaient, en dernière analyse, d'une seule et même source, dont le produit a été modifié plus ou moins par les circonstances extérieures.

Quand nous trouvons parmi les météorites des types de transition entre deux roches bien définies, nous sommes donc autorisés à conclure que ces deux roches ont été en rapport ensemble, ou qu'elles dérivent, si l'on veut, toutes deux de leur intermédiaire, grâce à des conditions spéciales.

Ces types de transition sont extrêmement nombreux.

Pour en citer d'abord qui nous soient déjà connus, mentionnons la roche de Chantonnay et celle de Belaja-Zerkva. La première, grise et marbrée de noir, est intermédiaire entre la roche grise d'Aumale et la roche noire de Tadjéra. La seconde, blanche avec des globules noirs, est intermédiaire entre la roche blanche de Montréjeau et la roche noire de Stavropol.

Le météorite de Forsyth, en général compacte, mais globulaire par places, forme une transition entre la pierre compacte de Lucé et la pierre globulaire de Montréjeau. De nombreux intermédiaires existent entre la roche serrée d'Aumale et la roche plus friable de Lucé. La pierre d'Ohaba constitue une transition entre celle de Montréjeau et de Limerick, etc.

Parmi les brèches, nous citerons celle d'Assam, qui est telle qu'on ne sait si l'on doit la rapprocher de la brèche de Saint-Mesmin plutôt que de la brèche de Canellas, etc.

James Hall, chauffant de la craie dans de certaines conditions, l'a, ainsi que nous l'avons vu plus haut, transformée en un marbre blanc tout pareil à celui dont le basalte, dans le nord de l'Irlande, a déterminé la production en traversant des couches de craie. Il résulte de là que l'existence du marbre blanc suppose l'existence antérieure de la craie; que le marbre ne pourrait pas se produire là où il n'y a pas de craie; que, par conséquent, le marbre et la craie proviennent d'un même gisement.

Le même raisonnement, évidemment applicable au métamorphisme météoritique, conduit à retrouver certains rapports stratigraphiques entre les roches célestes.

En effet, des expériences très simples et déjà résumées dans les pages précédentes ont permis de constater que la roche noire de Tadjéra et la roche noircie de Chantonnay sont des transformations plus ou moins complètes de la roche grise d'Aumale. Elles n'ont pu se produire qu'à l'aide de masses préexistantes de cette dernière; et, par conséquent, les trois roches qui nous occupent ont été quelque part en relations mutuelles.

La même chose peut se dire sans variante des roches de Stavropol et de Belaja-Zerkva, qui dérivent de la roche de Montréjeau.

De façon que cette pure expérience de laboratoire, consistant à chauffer au rouge, plus ou moins longtemps, divers types de météorites, peut devenir un procédé de géologie stratigraphique, en révélant des relations de gisement entre certaines roches.

La notion des relations stratigraphiques des météorites résulte encore d'observations d'un autre genre. Elle se déduit de la présence simultanée, dans certaines chutes, de types différents qui viennent manifestement d'une même localité, puisque c'est le même bolide qui les apporte.

Le fait s'est présenté dans des conditions extrêmement remarquables, comme on va le voir :

Le 17 novembre 1773, on vit tomber à Sigena, en Espagne, des météorites dont les unes présentent tous les caractères de la roche tombée à Busti, dans l'Inde, tandis que les autres offrent ceux de la roche complètement différente dont le type est fourni par l'aérolithe de Parnallée.

Ces deux types de Busti et de Parnallée sont donc originaires d'un commun gisement.

Si la preuve n'en était pas suffisamment établie par le phénomène de Sigena, nous en avons la répétition identique dans la chute survenue le 12 novembre 1856 à Trenzano, en Italie. Là aussi sont tombées des pierres appartenant à deux types différents, et là aussi ces deux types se sont trouvés être ceux de Busti et de Parnallée.

Ces faits sont d'autant plus remarquables, qu'on y trouve réunies plusieurs circonstances dont chacune, prise individuellement, n'est que très rarement réalisée. Il est très rare en effet qu'il tombe des météorites du type de Busti ; il est très rare qu'il en tombe du type de Parnallée; enfin il est très rare que deux types lithologiques différents arrivent sur la Terre en même temps.

En résumé, et grâce à ces diverses méthodes d'investigation, il y a actuellement plus de vingt types de roches météoritiques dont on peut dire qu'elles ont été ensemble en relations stratigraphiques. Constater que ces relations sont maintenant brisées, c'est dire que le globe dont ces roches ont fait partie n'existe plus. L'ensemble des faits conduit donc à cette conséquence, déjà obtenue plus haut par une autre voie, que les météorites sont les matériaux de démolition d'un astre disparu. Sa destruction est-elle tout ce que nous pouvons apprendre de son histoire, ou, de même que les restes exhumés d'animaux éteints permettent de reconstruire des êtres d'époques antérieures à la nôtre, pourrons-nous, par l'examen des météorites, reconstituer l'astre dont ils sont proprement les vestiges fossiles? Cet espoir est plus qu'il n'en faut pour justifier les recherches qui sont l'objet du paragraphe suivant.

2. COMMENT ÉTAIT CONSTITUÉ L'ASTRE D'OU PROVIENNENT LES MÉTÉORITES

On a vu que les météorites se divisent, quant à leur mode de formation, en primitives, éruptives, métamorphiques, bréchiformes non éruptives, volcaniques, filoniennes et épigéniques.

Ces diverses roches occupaient sans doute dans le globe d'où elles proviennent des positions relatives semblables à celles que leurs analogues occupent dans le globe terrestre. Or les roches primitives sont généralement superposées d'après l'ordre de leur densité; les masses éruptives, y compris les roches volcaniques, forment d'habitude des enclaves transversales ou des filons intercalés dans les précédentes; les masses métamorphiques sont en contact ou dans le voisinage des filons injectés; les brèches leur sont liées d'une manière plus ou moins intime, et enfin les filons, concrétionnés dans les failles, peuvent recouper toutes les formations.

En rapprochant les données fournies par la géologie terrestre de celles que fournissent les météorites, on arrive à reconnaître que la région la plus profonde du globe à reconstruire devait être formée de roches volcaniques. Celles-ci en effet, quoique moins denses que les roches de péridot ou que les roches imprégnées de fer natif, ou même que les roches entièrement composées de métal libre, en ont empâté des fragments lors de leur ascension. Ce qui suppose nécessairement qu'elles gisaient au-dessous d'elles.

Mais la question reste indécise de savoir si ces masses régnaient jusqu'au centre de l'astre en question. On peut supposer que, pareil aux boulets de canon de l'ancienne artillerie, ce globe renfermait en son centre un vide, ou chambre, représentant après le refroidissement total l'espace occupé par les vapeurs ardentes enfermées sous la croûte primitive.

Cette manière toute nouvelle de concevoir l'ossature du globe facilite d'ailleurs la solution de problèmes très variés, et par exemple ceux qui concernent le magnétisme terrestre.

Quoi qu'il en soit, au-dessus des assises dont la météorite de Juvinas fournit un échantillon, venaient d'abord les masses composées de fer natif nickelifère (Caille, etc.), puis les pierres, les unes renfermant des grenailles métalliques d'abord très grosses, comme dans les météorites de la Sierra de Chaco, ensuite de plus en plus fines, comme dans les masses de Laigle, d'Aumale, de Lucé, de Montréjeau, etc., et les autres dépourvues de métal libre, comme les roches dont la chute de Chassigny fournit des échantillons.

« Ces assises successives sont d'autant plus anciennes qu'elles sont plus éloignées du centre. La pierre d'Aumale, par exemple, s'est solidifiée avant que les masses métalliques plus profondes fussent assez refroidies pour cesser d'être liquides.

« Celles-ci se contractant progressivement déterminèrent, à diverses reprises, le fendillement du revêtement pierreux, et la masse fondue fut injectée dans les failles ainsi ouvertes et s'y solidifia. C'est de cette façon que se produisirent les fers reconnaissables aux images confuses qu'ils donnent aux acides, et parmi lesquels on peut citer les masses découvertes à Octibbeha.

« En traversant les masses déjà solidifiées qui leur étaient superposées, ces injections métalliques leur firent subir, dans certains cas, des modifications plus ou moins profondes, un véritable métamorphisme, et, comme nous l'avons vu, les pierres grises d'Aumale et de Montréjeau se transformèrent respectivement : la première dans les masses de Chantonnay et de Tadjéra, l'autre dans celles de Belaja-Zerkva et de Stavropol.

« Du même coup il arriva que des fragments pierreux, arrachés aux parois des failles, furent empâtés dans le métal fondu, et que, devenus dès lors métamorphiques, ils donnèrent lieu à des brèches du genre de celles de Deesa.

« D'ailleurs les phénomènes éruptifs ne furent pas le privilège des roches métalliques. Les masses pierreuses, comme il arrive si manifestement sur notre globe, furent poussées parfois des profondeurs à travers les roches préablement crevassées qui gisaient au-dessus d'elles. C'est ainsi que la roche d'Aumale, poussée après sa solidification, prit parfois les caractères de la roche de Chantonnay déjà produits autrement comme on vient de le voir[1]. »

Les roches volcaniques proprement dites, telles que celles de Juvinas, sortirent par un mécanisme un peu différent, à l'état pâteux, comme nos laves.

Peut-être est-ce aux têtes des filons éruptifs que se plaçaient les roches bréchoïdes dont les liens d'origine sont si évidents avec les masses normales, et qui sont représentées, dans leurs types principaux, par les pierres de Saint-Mesmin, de Canellas de Soko-Banja et de Parnallée.

Certaines failles ont évidemment donné passage à des émanations qui se sont concrétionnées sous la forme de filons, dont les fers de Pallas et d'Atacama sont les échantillons les mieux caractérisés. Par d'autres sont sorties les émanations d'où dérivent les masses épigéniques, comme la pyrrhotine de Sainte-Catherine.

3. LES ROCHES TERRESTRES COMPARÉES AUX MÉTÉORITES

Le globe météoritique étant reconstitué comme on vient de le faire, il est tout naturel de le comparer au globe terrestre.

Ce qui doit arrêter d'abord notre attention, ce sont les roches qui, malgré l'immense distance de leurs gisements respectifs, ne se distinguent cependant les unes des autres par aucun caractère.

Deux surtout méritent d'être citées.

C'est d'abord la roche du type de Juvinas et Stannern, identique aux laves de certains volcans, et spécialement à celle de la Thjorza, en Islande. Cette identité, à laquelle nous avons déjà fait allusion plus haut, existe non seulement dans

1. *Le Ciel géologique*, par Stanislas Meunier, p. 69.

la composition minéralogique, mais même dans la structure et l'aspect extérieur.

De même les météorites du type de Chassigny, formés, comme on l'a vu, de péridot granulaire allié à du fer chromé, sont rigoureusement semblables à la roche trouvée d'abord à la Nouvelle-Zélande par M. de Hochstetter, qui l'a ap-

BLOC DE FER NATIF DÉCOUVERT AU GROENLAND.

pelée *dunite* et retrouvée à Bourbon et même en France, dans l'Ardèche, en *fragments* empâtés dans les basaltes.

A côté de ces roches identiques entre elles, malgré la distance de leur gisement, il faut en mentionner qui se ressemblent beaucoup sans se reproduire exactement. Telles sont, en première ligne, les curieuses roches découvertes il y a peu d'années au Groenland et qui sont si étranges, qu'à première vue on les a prises sans hésiter pour des météorites.

Les unes sont entièrement formées de fer métallique et ressemblent pour l'aspect aux météorites métalliques décrites plus haut; d'autres, au contraire, présentent de fines grenailles métalliques disséminées dans une gangue pierreuse, absolument comme les météorites primitives.

Cependant, malgré ces analogies, les roches dont il s'agit se distinguent également par le détail de leur structure et par leur composition des divers types connus des météorites. A ce dernier point de vue, le caractère le plus saillant consiste en ce que le fer des masses d'Ovifak n'est pas complètement libre comme celui des météorites; outre qu'il contient beaucoup de carbone qui en fait une vraie fonte, il est partiellement combiné à de l'oxygène, sans qu'on puisse d'ailleurs déterminer avec certitude quel en est le degré d'oxydation.

D'ailleurs, le métal est associé d'une manière intime à des roches évidemment terrestres. Aussi, à l'époque où l'on supposait encore que le métal groenlandais n'appartenait pas à notre globe, a-t-on été conduit à supposer que la chute de ces prétendues météorites avait eu lieu précisément à l'époque où du basalte faisait éruption à l'état pâteux.

On conviendra que cette coïncidence, sans être impossible, serait bien étrange. D'ailleurs une nouvelle étude des localités est venue démontrer depuis que l'hypothèse d'une chute est insoutenable, et que les roches groenlandaises représentent des assises terrestres, très profondément situées. C'est un sujet sur lequel nous aurons l'occasion de dire un mot un peu plus loin.

Les roches de nos terrains de sédiment, non plus que celles de l'écorce granito-gneissique de notre globe, n'ont d'analogues parmi les météorites.

A l'inverse, les météorites du groupe charbonneux, tel que celui d'Orgueil, ne semblent pas être représentées à la surface de la Terre.

Le groupe le plus nombreux se compose de météorites qui, tout en n'étant pas identiques avec les roches terrestres, ne sont pas non plus sans analogie avec celles-ci. Leurs différences peuvent s'exprimer d'une manière très simple, comme on va voir.

A première vue, les fers météoritiques semblent différer profondément de toutes les roches terrestres. Cependant il suffit de les oxyder dans un courant de vapeur d'eau, par exemple, pour faire disparaître la différence. Ce qui est relatif à la structure spéciale de ces fers est détruit immédiatement, et les discordances de composition chimique s'effacent. On a reconnu en effet, par des expériences directes, que le nickel si caractéristique des fers météoriques tend à se séparer du fer par le fait pur et simple de son oxydation.

Nous avons des notions encore plus nettes à l'égard des météorites les plus fréquentes, réunies parfois, à cause de cela, sous le nom de type *commun*, et qui comprennent les pierres de Lucé, d'Aumale, de Laigle, etc.

Quand on les étudie avec soin, on trouve que, malgré certaines différences, elles se rapprochent beaucoup des roches terrestres éruptives, formées surtout de silicate de magnésie et spécialement de la serpentine, qui fournit de si belles substances à l'art décoratif. Il y aurait identité entre ces deux roches si la serpentine ne contenait pas d'eau, et si les grenailles qu'elle renferme, au lieu d'être constituées par de l'oxyde de fer, étaient composées de fer métallique.

Cette assertion doit être formulée avec d'autant plus d'assurance qu'on a pu la contrôler par l'expérience, c'est-à-dire transformer la serpentine en une météorite rigoureusement identique à certaines de celles qui tombent du ciel.

Jusque-là, on n'avait réalisé la reproduction artificielle d'aucune météorite, du moins à l'aide de matériaux terrestres, car on a vu précédemment comment la synthèse de certaines météorites a été exécutée au moyen d'autres pierres de même origine.

Eh bien, la serpentine chauffée au rouge, mais sans être fondue, dans un courant d'hydrogène, a perdu à la fois de l'eau et une partie de son oxygène. En même temps, elle est devenu noire et très dure; de façon qu'elle a acquis tous les caractères même les plus intimes des météorites métamorphiques du type de Tadjéra.

Comme on le voit, la différence des météorites par rapport aux roches terrestres consiste dans une proportion moindre d'oxygène. C'est comme le produit de la réduction de nos roches; à moins que nos roches ne doivent être regardées comme leur propre produit d'oxydation. Le chapitre suivant montrera que cette seconde supposition est de beaucoup la plus vraisemblable.

Quand on rapproche la série des roches météoritiques, telle qu'elle résulte des études précédentes, de la série des roches terrestres telle qu'on la conclut de l'examen direct de la croûte de notre globe, on trouve que certaines roches du premier gisement viennent se relier et se confondre avec certaines roches du second. L'une des séries cependant ne complète pas l'autre : elles sont plutôt parallèles l'une à l'autre, avec une racine commune représentée par les roches volcaniques.

Nous devons admettre, conformément aux expériences rapportées plus haut, que nos filons de serpentine passent progressivement dans la profondeur, à des filons d'une roche bien voisine de la météorite de Chantonnay. De même, nos filons de fer oxydulé (mine d'acier) doivent, à mesure qu'on les étudierait plus loin de la surface de la terre, se transformer en substances de plus en plus comparables aux fers météoriques.

4. LE FER NATIF DES PROFONDEURS TERRESTRES

Ce qui précède conduit à rechercher si certaines observations directes ne pourraient pas contrôler la supposition que les profondeurs du globe sont composées en partie de fer natif.

Un premier argument favorable à la présence du métal est tiré de la densité de la Terre, égale à cinq fois et demie celle de l'eau.

Un deuxième ordre de faits est relatif au magnétisme terrestre. Chladni en expliquait les phénomènes par la supposition d'une masse centrale de fer métallique.

Les raisons dont on s'est prévalu contre le physicien de Wittemberg, savoir, la haute température des régions profondes du globe, ne sont plus suffisantes depuis que M. Trève a montré comment on peut aimanter la fonte en pleine fusion. Les idées de Chladni et celles d'Ampère qu'on leur a opposées devront peut-être être combinées ensemble.

Toutefois des études nouvelles sont de nature à faire croire que le fer ne gît pas aussi profondément qu'on le suppose tout d'abord. Des observations empruntées à la physique solaire et à la géologie comparée, aussi bien qu'à l'examen des roches éruptives profondes, montrent que le fer métallique doit gésir moins loin de la surface que les roches volcaniques actuellement rejetées par les montagnes ignivomes.

Et les phénomènes du magnétisme terrestre reçoivent une explication complète si l'on imagine que toutes les molécules magnétiques soient concentrées sur une même couche de 1 kilomètre d'épaisseur à l'intérieur de la croûte. Cette *couche magnétique*, dont les masses d'Ovifak représentent des échantillons, doit, pour satisfaire aux conditions du problème, être une sphère creuse et se trouver à une profondeur d'environ 30 kilomètres au-dessous de la surface terrestre.

C'est plus bas que se trouverait l'assise d'où proviennent les basaltes et les laves des volcans. Au-dessous doit d'ailleurs exister un vide central, plus ou nous analogue à la chambre des anciens boulets de canon.

On a vu tout à l'heure que des observations faites au Groenland ont montré que les basaltes si abondants dans cette région contiennent soit des blocs d'une roche pétrie de grenailles métalliques, soit même des blocs très volumineux d'un métal formé de fer et de nickel, et par conséquent fort analogue aux fers météoriques.

Quant au mécanisme de leur sortie, on peut le comprendre simplement. Il suffit en effet d'admettre que le basalte, sortant des profondeurs comme il a fait partout, à pu exceptionnellement arracher des fragments d'une assise à fer natif et les charrier sans les fondre jusqu'aux régions superficielles. C'est exactement la reproduction de ce qui a eu lieu si souvent pour le péridot et la dunite, amenés au jour par les basaltes qui ne les ont pas fondus.

On conçoit les conséquences qui résultent de ces observations quant à la géologie profonde de notre planète. Montrons aussi qu'elles projettent une vive lumière sur un chapitre de la physique du globe à première vue bien éloigné. Il s'agit de l'origine de l'acide carbonique contenu dans l'atmosphère, c'est-à-dire d'une question qui a été traitée sans succès à maintes reprises, d'après les considérations les plus diverses.

Étant démontré maintenant que les profondeurs de notre globe renferment de véritable fonte, il faut remarquer qu'il peut se développer une réaction bien connue entre la fonte et certains dissolvants et dont les produits sont d'abord des carbures d'hydrogène, puis, par oxydation secondaire, de l'acide carbonique.

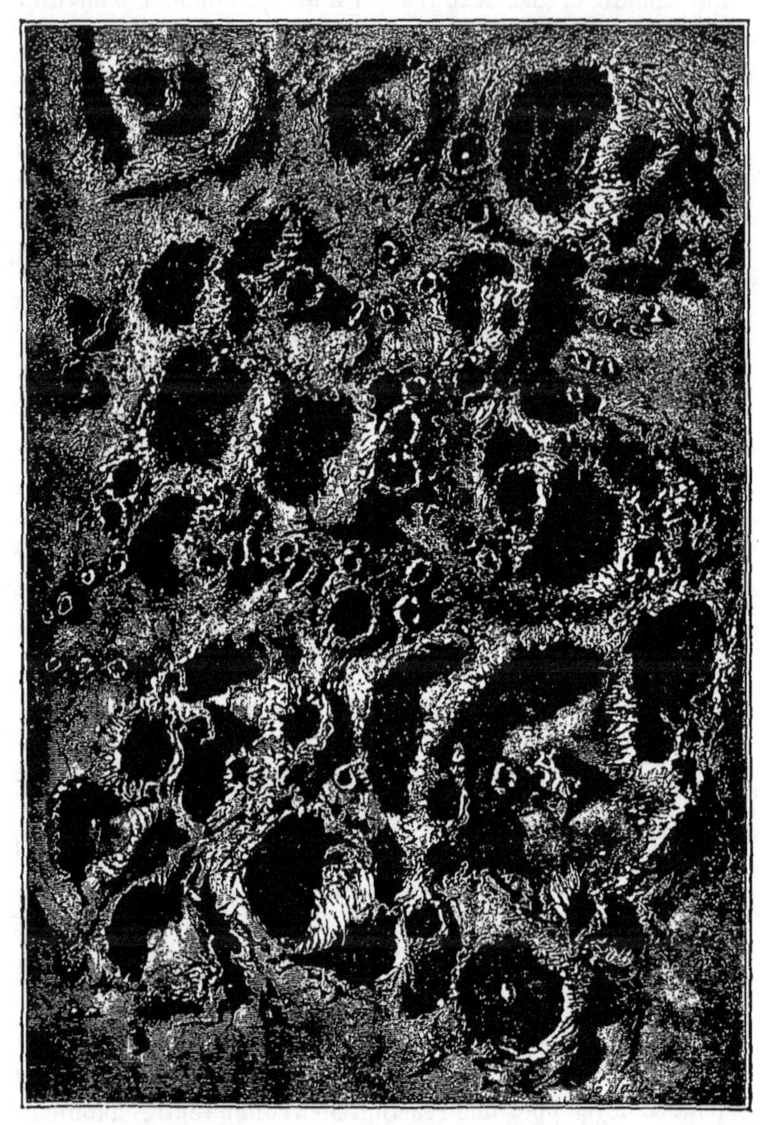

DÉTAILS D'UNE PARTIE DE LA SURFACE LUNAIRE.

Il suffit pour cela que des liquides de composition convenable parviennent au contact de la fonte infragranitique. Or on sait que les expériences de M. Daubrée ont démontré la possibilité d'une infiltration capillaire de l'eau au travers des pores des roches jusqu'aux régions souterraines où prennent naissance les phénomènes volcaniques, malgré les énormes contrepressions de vapeur qu'elle a à surmonter.

Quant à la composition du liquide d'infiltration, il est évident que nous n'avons pas les éléments nécessaires pour la déterminer, même d'une manière approximative. Mais il est bien probable qu'à la température des régions infragranitiques, l'eau peut posséder une énergie chimique assez considérable pour déterminer la réaction qui nous occupe.

5. LE MODE DE SOLIDIFICATION DU GLOBE TERRESTRE

Le procédé décrit plus haut, suivant lequel a lieu la solidification du globe terrestre, n'est pas regardé comme démontré par tous les géologues. Quelques-uns pensent que le phénomène s'est fait justement en sens inverse, le centre le premier étant devenu solide. On a fait à cet égard des raisonnements sans fin. L'examen des météorites semble devoir répandre la lumière sur cette question fondamentale, car pour le globe d'où elles proviennent la question est réduite à une observation pure et simple, puisqu'il suffit de voir si les météorites les plus denses, c'est-à-dire les fers, se sont solidifiées avant ou après les météorites les moins denses, c'est-à-dire les pierres.

Or nous avons vu que les fers éruptifs, tels que ceux de Deesa et d'Hemalga, empâtent fréquemment des fragments pierreux, tandis que les pierres éruptives, comme celles de Chantonnay et de Pultusk, n'empâtent jamais de fragments métalliques.

Donc, dans le globe dont les météorites sont les débris, la solidification s'est faite de la surface vers le centre.

Appliquant cette conclusion au globe terrestre, nous sommes donc autorisé à croire qu'ici également la solidification procède de la surface vers le centre.

6. INFORMATION FOURNIE PAR LA LUNE

Remarquons, en terminant, que l'ordre de superposition adopté plus haut pour les masses profondes reçoit une confirmation bien importante des observations dont la Lune a été l'objet. On a dit que notre satellite a fourni toutes les étapes de l'évolution planétaire, et entre dès maintenant dans la période de désagrégation. Or toute la surface est recouverte d'épanchements volcaniques semblables, à l'échelle près, à ceux de la Terre. Considérant, d'autre part, que sur la Terre le volcan est un phénomène relativement récent, on peut conclure qu'il trouve son siège dans les masses de solidification finale, et par conséquent de gisement le plus profond On voit du même coup que notre planète aborderait dès maintenant la dernière phase éruptive.

CHAPITRE III

L'AGE DE LA TERRE

La plupart des traditions cosmogoniques n'accordent à la création tout entière qu'une durée extrêmement courte, et plus on découvre qu'elle contient de phénomènes superposés, plus on est contraint d'admettre que ces phénomènes ont été rapides.

Si, conformément aux idées anciennes, notre Terre n'avait réellement que six mille ans, il faudrait reconnaître que les montagnes se sont soulevées tout à coup, que les vallées ont été creusées comme sous l'action de gigantesques rabots, que les continents se sont successivement émergés et submergés avec des allures de pistons, et que les faunes et les flores ont été alternativement créées comme sur les théâtres de féeries, et détruites comme par des fléaux incoercibles.

Mais les progrès de la science permettent à présent de soumettre les doctrines gratuites à un contrôle sévère. L'étude des parties les plus superficielles de la Terre prouve, en dehors de toute hypothèse, que la période géologique actuelle dure depuis un temps qui a dépassé de beaucoup toutes les prévisions.

Voici quelques exemples des faits qui ont conduit à cette conclusion capitale.

Un géologue suisse, M. Morlot, a trouvé, dans le delta que la Tinière édifie sans cesse en tombant dans le lac de Genève, un véritable chronomètre. Sa section verticale pratiquée lors de la construction du chemin de fer a montré que ce delta, en forme de cône, est constitué par la superposition tout à fait régulière des couches de sables ou de gravier et que son accroissement est exactement proportionnel au temps. Or, à 1^{m},30 sous la terre végétale, on a recueilli des médailles romaines datant de seize à dix-huit siècles. Une seconde couche, pleine de débris d'industrie, se présentant à 3 mètres, on est autorisé à lui attribuer une antiquité de quatre mille ans; elle correspond à l'époque antéhistorique qualifiée d'âge de bronze.

Enfin, à 6 mètres de profondeur, une troisième couche se présente avec des poteries grossières, du bois carbonisé et des os brisés.

On en a retiré un squelette humain dont le crâne est petit, rond et remarquablement épais. Il lui faut bien reconnaître un âge de soixante et dix siècles.

Depuis ces 7000 ans, non seulement il n'y a pas eu de révolution géologique à l'embouchure de la Tinière, mais la pente des terrains, l'allure du torrent et celle du lac n'ont subi aucune variation sensible.

Ce long laps de temps n'est qu'une minute dans la période géologique actuelle.

Au pont de Thielle, entre Bienne et Neuchâtel, des faits analogues ont amené à reconnaître qu'il y a 6750 ans l'homme était déjà parvenu à un état de civilisation relativement avancé.

Il construisait sur pilotis les habitations dites lacustres, il fabriquait des filets et des poteries, cultivait le blé et avait domestiqué le chien.

Mais on peut aller plus loin.

Les alluvions du Nil se superposent chaque année avec une

extrême régularité, et l'épaisseur, dans chaque point, s'accroît proportionnellement au temps. Dans une localité où il se dépose 15 centimètres de limon par siècle, M. Linant-Bey trouva une brique à 18 mètres de profondeur et dont l'âge par conséquent est de 12000 ans. Dans un autre point où l'accroissement est différent, le même auteur recueillit une autre brique datant de 30000 ans.

Des résultats plus frappants encore ont été prouvés par l'étude du delta de Mississipi. Sa surface étant de 77 000 kilomètres carrés et son épaisseur de 100 mètres au moins, Lyell a calculé que sa formation a exigé plus de 100 000 ans, depuis lesquels aucune modification sensible n'a été apportée à la géographie physique du pays.

Agassiz, qui a étudié avec tant de soin les récifs madréporiques de la Floride, constate qu'ils gagnent sur la mer 0^{m},30 par siècle et calcule qu'il leur a fallu 135 000 ans pour atteindre leurs dimensions actuelles. Ce fait est spécialement intéressant à cause de la susceptibilité spéciale des zoophytes coralligènes qui auraient cessé de prospérer, si seulement la température de la mer s'était sensiblement modifiée. Leur persistance montre donc depuis 1350 siècles une uniformité climatique absolue.

Au Brésil, Claussen a signalé des cavernes dont le sol, accru chaque année de deux couches, l'une estivale, limoneuse, l'autre hivernale, stalagmitique, témoigne de la persistance des conditions météorologiques actuelles depuis plus de 100 000 ans.

Elles renferment, pour le dire en passant, des restes de mégatherium, de glyptodon et d'autres espèces maintenant fossiles, dont la disparition, loin de coïncider avec un cataclysme, est comprise comme simple détail dans la série uniforme des sédimentations saisonnières.

Les mouvements lents du sol peuvent parfois fournir aussi des données chronométriques. C'est ainsi que dans cer-

CAVERNE AVEC STALACTITES ET STALAGMITES.

tains points des côtes de Suède, qui s'élèvent de $0^m,75$ par siècle, on trouve des couches marines récentes soulevées à 180 mètres.

Leur émersion date donc de 24 000 ans.

Dans le pays de Galles, on trouve qu'après une élévation qui correspond à 112 000 ans, il y a eu un affaissement qui a exigé 24 000 ans.

Les couches *modernes* exhaussées sont donc sorties de l'eau depuis 224 000 ans.

Ces 2200 siècles appartiennent tout entiers à l'époque actuelle.

Or la conséquence de ces faits, dont l'énumération aurait pu être prolongée beaucoup, c'est que les phénomènes géologiques les plus récents ayant rempli une aussi immense période ont dû nécessairement avoir une allure très lente. Autrement il faudrait supposer qu'après leurs manifestations subites, un calme absolu a existé, et cette hypothèse est radicalement contraire à la continuité, visible partout, des actions géologiques.

Un exemple nous fera bien comprendre.

L'observation de tous les jours montre les cours d'eau employés sans cesse à transporter dans les mers des particules arrachées au bassin de leur vallée. On a même pu mesurer la quantité de limon ainsi charriée et calculer le cube qu'elle représente au bout d'un temps déterminé.

Or si, remontant en arrière, on cherche ce que deviendraient nos vallées remises en possession de toute la substance qu'elles ont perdue si insensiblement depuis les milliers de siècles dont nous venons de parler, on trouve, malgré le manque inévitable de précision de semblables calculs, que non seulement elles seraient comblées, mais que toute la surface continentale serait épaissie.

La période actuelle n'est bien évidemment rien en durée, comparée à l'ensemble des époques géologiques qui l'ont précédée.

Le dépôt sur plusieurs kilomètres d'épaisseur des couches stratifiées, dans des conditions de calme compatibles avec le développement de la vie et la transformation lente des espèces organiques, a exigé nécessairement un nombre incalculable de fois le temps dont nous venons de parler.

FIN

TABLE DES GRAVURES

FIN DE LA TABLE DES GRAVURES

TABLE DES MATIÈRES

Pages.

TROISIÈME PARTIE. — Les âges des planètes.

QUATRIÈME PARTIE. — Les problèmes de la Terre.

FIN DE LA TABLE DES MATIÈRES.

PARIS. — IMPRIMERIE ÉMILE MARTINET, RUE MIGNON, 2

www.ingramcontent.com/pod-product-compliance
Lightning Source LLC
LaVergne TN
LVHW020602230826
846091LV00002B/573

* 9 7 8 2 0 1 9 1 3 9 6 5 0 *